Rudolf Demme

# Das Arterielle Gefässsystem von Acipenser Ruthenus

Ein Beitrag zur vergleichenden Anatomie der Ganoiden

Rudolf Demme

**Das Arterielle Gefässsystem von Acipenser Ruthenus**
*Ein Beitrag zur vergleichenden Anatomie der Ganoiden*

ISBN/EAN: 9783743449565

Hergestellt in Europa, USA, Kanada, Australien, Japan

Cover: Foto ©berggeist007 / pixelio.de

Manufactured and distributed by brebook publishing software
(www.brebook.com)

Rudolf Demme

**Das Arterielle Gefässsystem von Acipenser Ruthenus**

# DAS ARTERIELLE GEFÄSSSYSTEM

VON

# ACIPENSER RUTHENUS.

EIN BEITRAG

ZUR VERGLEICHENDEN ANATOMIE DER GANOIDEN

VON

## RUDOLF DEMME.

MIT VIER ABBILDUNGEN

WIEN, 1860.

IN COMMISSION BEI WILHELM BRAUMULLER

K. K. HOFBUCHHANDLER.

# INAUGURAL-DISSERTATION.

DER

## MEDICINISCHEN FACULTÄT IN BERN

ZUR

## ERLANGUNG DER DOCTORWÜRDE

IN DER

MEDICIN, CHIRURGIE UND GEBURTSHILFE

VORGELEGT

Als ich im Januar dieses Jahres Bern verliess, um nach beendeten Examen auch fremde Bildungsanstalten zu besuchen, da war es das fröhliche Wien, dessen weithinstrahlender wissenschaftlicher Glanz mich mächtig an sich zog. Sechs Monate weilte ich in der alten Kaiserstadt, und scheide heute aus ihr voll Dankbarkeit gegen jene Männer der Wissenschaft, die den Kreis meiner Anschauungen und Kenntnisse so sehr bereichert und erweitert haben.

Mit inniger Verehrung und dankbarer Liebe trenne ich mich von jenem Lehrer, dessen grossartige wissenschaftliche Darstellungsgabe den Drang nach selbstständiger Forschung am lebhaftesten in mir wach gerufen. Und wenn ich es wage Ihm, dem hochverdienten Anatomen, meine Erstlingsarbeit in der vergleichenden Anatomie zu widmen, so geschieht dies nur im aufrichtigen Wunsche dem Manne, dem ich mich so tief verpflichtet fühle, der mir mit edler Uneigennützigkeit Rath und Beistand geliehen und sich meines Strebens mit wohlthuender Freundschaft angenommen, auch öffentlich danken zu wollen.

Das Thema meiner Arbeit wird höchstens das Interesse Einzelner erregen, und ich kann seine Wahl nur damit rechtfertigen, dass ich von meiner ersten medicinischen Studienzeit an stets eine innige Liebe zu den anatomischen Wissenschaften hegte. Ich danke diese Lieblingsneigung den Jahren, wo es mir vergönnt gewesen, bei Professor Valentin in Bern als anatomischer Assistent zu arbeiten.

Ich habe es versucht, den arteriellen Gefässverlauf im Sterlet, *Acipenser ruthenus*, zu beschreiben, weil vom Gefässystem der Störe noch wenig Näheres bekannt ist, und selbst eine nur oberflächliche Betrachtung der Verhältnisse der Kopfarterien auf nicht uninteressante Verlaufseigenthümlichkeiten schliessen lässt. Dass ich auf die mikroskopischen Gefässverhältnisse nur vorübergehend Rücksicht nehmen konnte, liegt in der Masse des Materials, die für sich eine gesonderte und umfangreiche Behandlung fordern würde.

Einige werthvolle Angaben über das Gefässystem der Störe finden sich in Johannes Müller's Abhandlung über das Gefässystem der Myxinoiden[1], in Prof. Hyrtl's Untersuchungen über das arterielle Gefässystem des Lepidostens[2] und das der Rochen[3], sowie in Stannius Lehrbuch der Zootomie der Fische[4]. — Theiss und Donau lieferten mir das Material zur Untersuchung.

Was die Injectionsmethode beim Sterlet anbetrifft, so ist nach der reichen Erfahrung Prof. Hyrtl's nicht vom Herzen aus, sondern durch eine der grossen Körperarterien, am besten

[1] Vergleichende Anatomie der Myxinoiden, dritte Fortsetzung: über das Gefässystem, Berlin 1841.

[2] Ueber das Arteriensystem des Lepidostens, im Februarhefte des Jahrgangs 1852 der Sitzungsberichte der math. naturw. Classe der kaiserlichen Akademie der Wissenschaften.

[3] Das arterielle Gefässystem der Rochen, im XV. Bande der Denkschriften der math. naturw. Classe der kais. Akademie der Wissenschaften, Wien 1858.

[4] Handbuch der Zootomie von Siebold und Stannius, erstes Heft: Zootomie der Fische, Berlin 1854.

die *Arteria coeliaco-mesaraica* zu injiciren. Es beruht dies auf dem äusserst feinen Capillarsystem der Kiemenblättchen, welches bei der Injection vom Herzen aus, die Masse nicht bis in die Kiemenvenen treten lässt.

Die Injection gelang am besten, wenn der Fisch kurz vor der Einspritzung durch einen Schnitt in die Bauchwandung getödtet, ein Tubus in die centrale, ein anderer in die peripherische Portion der *Arteria coeliaco-mesenterica* eingebunden, und die Masse zuerst in der einen, dann in der anderen Richtung eingetrieben wurde. Die zur Einspritzung verwendete, durch Aether flüssig gemachte Harzmasse, findet sich am Schlusse jener Abhandlung über das arterielle Gefässsystem der Rochen[1]) ausführlich mitgetheilt. Die meisten der von mir präparirten Exemplare wurden von Prof. Hyrtl's Meisterhand selbst injicirt.

Die Präparation der Gefässe des Sterlet's gehört nicht zu den leichtesten anatomischen Arbeiten. So wird namentlich die vollständige Darstellung der Kopfarterien durch den Umstand sehr erschwert, dass dieselben in der Knorpelmasse des Schädels eingebettet liegen, und ihre äusserste Membran mit der umgebenden Substanz des Knorpels innig verschmolzen ist. Viele der feineren Gefässe lassen sich nur mit Hilfe einer Arbeitsloupe blosslegen. — Die wichtigeren meiner Präparate finden sich im Wiener vergleichenden anatomischen Museum aufbewahrt.

Manche Unvollkommenheit der beigegebenen Abbildungen möge sich daraus erklären, dass ich dieselben selbst nach der Natur gezeichnet habe. Wenn ich in der Schilderung einiger vielleicht untergeordneter Gefässverhältnisse zu ausführlich geworden bin, so wird mich das Streben nach Genauigkeit und Gründlichkeit entschuldigen.

Wien, im Juli 1860.

# Einleitung.

Soll die vorliegende Arbeit ein wenigstens annähernd vollständiges Bild der arteriellen Gefässverbreitung im Sterlet gewähren, so ist es nothwendig, einige Worte über die Verhältnisse des Herzens und der Kiemenarterien voranzuschicken.

Das Herz des Sterlets besteht, wie jenes der übrigen Ganoiden, der Teleostier, Marsipobranchier und Elasmobranchier, aus einer Vorkammer, einer mit ihr zusammenhängenden Kammer, und einem zwischen Kammer und Anfangstheil der *Arteria branchialis* gelegenen *Bulbus arteriosus*. In natürlicher Lage nimmt die Herzkammer die tiefste und unterste Stelle der Herznische ein; dieser folgt in gleicher Ebene nach vorn der *Bulbus arteriosus*, während die Vorkammer schräg nach oben und vorn gerichtet ist und im gefüllten Zustande den Ventrikel überragt. Zwischen dem durch Vereinigung der Körpervenen entstandenen *Sinus venosus* und der Vorkammer findet sich ein von Stannius[1] bereits erwähnter Taschen tragender Klappenring, der die bei den übrigen Familien vorkommenden Klappen vertritt. Zwischen Vorkammer und Kammer besteht eine Reihe wirklicher Klappen, deren Zahl Meckel auf 3, Stannius auf 4 angibt; ich fand hier 3 vollständige und eine unvollständige rudimentäre Klappe. Im Innern des *Bulbus arteriosus* treffen wir eine einfache Klappenreihe an seinem Anfange, seiner Mitte und seinem Ende. Die ausgesackte Vorkammer buchtet sich nach beiden Seiten zu einer kleinen *Auricula cordis* aus; rechts fehlt dieselbe zuweilen. Die Kammer ist wie gewöhnlich weit dickwandiger und musculöser als die Vorkammer.

Der *Bulbus arteriosus* besteht aus quergestreiften Muskellagern, hat eine Länge von 3—4 Millim. und hört am Anfang der Branchial-Arterie mit scharf abgegränztem Rande auf.

Was die Richtung des Blutstromes im Herzen anbetrifft, so ergiesst sich das venöse Blut des Körpers durch den *Sinus venosus* in die dorsale Wand des Vorhofs, gelangt von hier aus durch die Contraction des Vorhofs in die Kammer und wird bei Systole der Kammer und des *Bulbus arteriosus* in das System der Branchialarterie getrieben.

Es hat somit das Herz des Sterlets die Bedeutung eines venösen Kiemenherzens.

Die *Arteria branchialis* liegt ausserhalb des Pericardium; sie besitzt keine Muskelfaserschicht; ihre Häute bestehen nur aus Zellgewebe und elastischen Fasern. Im Innern des Gefässes findet sich zu Anfang eine kleine Klappenreihe, doch scheint dieselbe nicht constant zu sein. Die Branchial-Arterie liegt auf den die ventralen Endtheile der Kiemenbogen verbindenden sogenannten Copularknorpeln und ist bedeckt von dem oberen Abschnitt der *Musculi sternohyoidei*, von fettreichem Zellgewebe, und den die Unterfläche des Brustkorbes begränzenden starken Brustschildplatten. Sie zieht, anfangs etwas mehr nach links gelagert, in gerader Richtung nach vorn, biegt sich

---

[1] Zootomie der Fische, Berlin 1854, pag. 235.

1 *

hierauf gegen das die zweiten Kiemenbogen verbindende Knorpelstück und läuft, dicht an die Unterfläche der Copulae geschmiegt, in mehrere Aeste zerfallend, nach hinten.

Die *Arteria branchialis* bildet somit einen dem *Arcus aortae* anderer Thiere analogen, nur in umgekehrter Richtung verlaufenden *Arcus branchialis*, dessen höchster Punkt in gleicher Ebene mit einer die ventralen Enden des zweiten Kiemenbogens verbindenden Linie steht, und dessen Convexität nach vorn gerichtet ist.

Aus der oberen Wand des *Arcus arteriae branchialis*, dem nach hinten steigenden Abschnitte näher gelegen, tritt ein mächtiger *Truncus impar, s. magnus* hervor, der nach vorn und abwärts steigt und sich nach einem Verlauf von wenigen Linien in zwei gleich starke Aeste theilt. Jeder derselben zieht in der seiner Seite entsprechenden Richtung nach vorn und aussen, gelangt zum hinteren unteren Rande des Zungenbeinkörpers, erzeugt eine für die Kiemendeckelkieme bestimmte *Arteria branchialis*, biegt sich hierauf in einem abermals nach vorn convexen Bogen rückwärts und tritt so zum ersten Kiemenbogen seiner Seite.

Der Stamm der aus dem *Bulbus arteriosus* tretenden Branchial-Arterie läuft nach Bildung des *Arcus branchialis* rückwärts und sendet nach beiden Seiten hin eine für den zweiten Kiemenbogen bestimmte Arterie. Er spaltet sich hierauf in zwei von dem Copularknorpel des dritten Kiemenbogens überbrückte Zweige, die selbst je zum ventralen Ende des dritten Kiemenbogens treten und aus ihrer unteren Wand eine unter der Copularplatte des vierten Kiemenbogens durchtretende, für den vierten Kiemenbogen bestimmte *Arteria branchialis* erzeugen.

Die Vertheilung der *Arteria branchialis* im Sterlet zeigt somit die auch anderen Ganoiden eigene Besonderheit, dass die vom Herzen weiter entfernten Kiemen (unter ihnen die Kiemendeckelkieme) zuerst, die dem Herzen näher liegenden zuletzt mit Venenblut versorgt werden.

Was die Circulationsverhältnisse in den Kiemen selbst anbetrifft, so nehmen wir folgendes Verhalten wahr: die Zahl der vollständigen respiratorischen Kiemen beläuft sich jederseits auf vier; die respiratorische Kiemendeckel- oder Zungenbeinkieme ist unvollständig; sie besitzt nur eine Reihe von Kiemenblättchen, während die übrigen Kiemen eine doppelte Reihe tragen. Die in der Convexität des Kiemenbogens verlaufende *Arteria branchialis* versorgt als gemeinschaftlicher Stamm die beiden Kiemenblättchenreihen einer Kieme. Die Arterie eines Kiemenblättchens entspringt aus der Convexität der Kiemenarterie, zieht sich am inneren Rande des Läppchens hinauf und verzweigt sich capillar im Schleimhautüberzuge. Die diesem Capillarnetz entspringende Vene senkt sich, am äusseren Rande des Kiemenblättchens herablaufend, in die den beiden Kiemenblättchenreihen gemeinschaftliche *Vena branchialis*. Durchaus entsprechend ist die Gefässvertheilung in den Blättchen der Kiemendeckelkieme. Ueber den Bau und die Verhältnisse der Spritzlochnebenkieme werde ich später handeln.

DAS

# ARTERIELLE GEFÄSSSYSTEM DES STERLETS.
## ACIPENSER RUTHENUS.

§. 1.

### Die Kiemenvenen und die Bildung des Aortenstammes.

Die Familie der Ganoiden, und zum Theil auch der Selachier, zeichnet sich durch ein Tafel I.
im Wesentlichen übereinstimmendes Verhalten hinsichtlich der Vereinigung der Kiemenvenen zur
Aorta aus. Im Sterlet findet sich zudem die Eigenthümlichkeit, dass die ganze Aortenbildung
in der ventralen Knorpelmasse des Cranium vor sich geht.

Jede Kiemenvene nimmt ihren Anfang an der ventralen Commissur der beiden Kiemenblättchenreihen einer Kieme und entsteht durch Zusammenfluss der ersten Kiemenblättchenvenen.
Sie verläuft im Knorpel des Kiemenbogens und nähert sich hier mehr dem concaven Rande desselben, liegt somit unterhalb der entsprechenden *Arteria branchialis*. — Die Vene der Zungen-
bein- oder Kiemendeckelkieme verhält sich nicht als selbstständige Aortenwurzel, sondern senkt
sich hart am äusseren Rande des Cranium in die erste Kiemenbogenvene. Diese übertrifft
die Uebrigen an Länge des Verlaufs und Stärke des Lumens. Sie senkt sich unmittelbar am
Rande des Basalknorpels in die Schädelknorpelmasse, zieht hier 1—2 Millim. nach innen, biegt
sich im rechten Winkel nach hinten, convergirt allmälig mit der entsprechenden Kiemenvene der
anderen Seite und vereinigt sich mit ihr zu einem 3—4 Linien breiten Stamme, dem Anfang des
Aortenrohres. Der Aortenanfang liegt in gleicher Höhe mit einer die dorsalen Endpunkte des
zweiten Kiemenbogens verbindenden Linie.

Das Verhalten der schwächern zweiten Kiemenvene ist wesentlich verschieden. Das Gefäss
verläuft nur in den obersten Schichten der ventralen Schädelknorpelmasse. Der Uebertritt aus
dem Kiemenbogen in den Basalknorpel ist kein unmittelbarer, sondern die Kiemenvene durchsetzt
vorerst das dem dorsalen Ende des Kiemenbogens und der Unterfläche des Cranium aufgelagerte
Bindegewebe. Hierauf convergirt sie im Innern des Knorpels mit der zweiten Kiemenvene der
anderen Seite, läuft ebenfalls eine kurze Strecke nach hinten und mündet, die linke unter der
rechten gelagert, in die Bauchwand der Aorta ein.

Die dritte und vierte Kiemenvene kommen der Stärke der ersten wieder ziemlich gleich;
namentlich zeichnet sich die vierte Kiemenvene durch ein beträchtlicheres Gefässlumen aus. Die

beiden Stämme einer Seite durchsetzen auch hier eine ventrale Schicht von Bindegewebe, treten später in die Knorpelmasse des Cranium, vereinigen sich in der Nähe der Mittellinie zu einem gemeinschaftlichen Stamm und senken sich, wie dies oben von der zweiten Kiemenvene beschrieben worden, der rechte über dem linken liegend, in die untere Aortenwand.

Durch diese Uebereinanderlagerung der Kiemenvenenenden bei Bildung des Aortenrohres hat es den Anschein, als ob sich die Kiemenvenen der rechten Seite in den linken, die der linken Seite in den rechten Abschnitt der Aorta senken würden.

Auf diese Verhältnisse machte Prof. Hyrtl bereits im Jahre 1852, bei Gelegenheit seiner Untersuchungen über das Gefässsystem des Lepidosteus aufmerksam.

## §. 2.
### Die Ernährungsgefässe der Kiemen.

Es handelt sich hier um jene, aus den Kiemenvenen und ihren Fortsetzungen entspringenden Gefässe, die sich gegenüber den Kiemen wie die *Arteriae bronchiales* zu den Lungen verhalten, d. h. der Ernährung des respiratorischen Systemes vorstehen.

Beim Sterlet treten noch innerhalb der Kiemenbogen aus dem Stamm der Kiemenvenen kleine arterielle Gefässe, die sich theils im Gewebe des Knorpels, theils in dem den Knorpel umhüllenden Bindegewebe verlieren. Andere arterielle Fäden ziehen vom Anfangstheile der Wurzelstämme der Aorta, d. h. der im Basalknorpel liegenden Portion der Kiemenvenen, zum Knorpel der dorsalen Kiemenbogenenden, dem dieselben bedeckenden Zellgewebe, selbst bis zur Basis der dem Cranium zunächst stehenden Kiemenzacken. Aus den Kiemenzacken entspringen andererseits spärliche Gefässchen, die sich im Zellgewebe der Kiemenbogen verlieren. Einzelne sehr zarte Aestchen sah ich aus dem dorsalen Ende der Kiemendeckelkiemenvene zu den dem Basalknorpel des Cranium angränzenden Blättchen der ersten Kieme treten. Auch aus der ventralen Portion der Kiemenvenen entstehen kleine Ernährungsgefässe zum Knorpel, dem umgebenden Bindegewebe und den Kiemenzacken.

Die Zahl der *Arteriae nutrientes branchiales* erscheint mir im Verhältniss klein; ihr Vorkommen beschränkt sich vorzugsweise auf die dorsalen und ventralen Endportionen der Kiemen.

Da ich diese Gefässe nur mit einer gewöhnlichen Arbeitsloupe, d. h. unter achtmaliger Vergrösserung betrachtete, vermochte ich ihren feineren Verlauf nicht weiter zu verfolgen. Nach Joh. Müller findet sich im Innern der Kiemenblättchen der Knorpelfische ein eigenes selbstständiges *Systema capillare branchiale*, das zwischen den respiratorischen Gefässnetzen beider Seiten eingelagert ist.

Ausser den eben beschriebenen Ernährungsgefässen erhalten die Kiemen noch inconstante *Ramuli nutrientes* aus den ventralen Verlängerungen der Kiemenvenen; ich werde sie im nächsten Abschnitt bei Gelegenheit der Besprechung jener erwähnen.

## §. 3.
### Die Verlängerungen der Kiemenvenen.

Unter dieser Classe von Gefässen beschreibe ich alle diejenigen Arterienstämme, die theils aus den Wänden der Aortenwurzeln, theils aus der dorsalen oder ventralen Commissur der Kiemenblättchenreihen einer Kieme ihren Ursprung nehmen, und sich nicht, oder doch nur in untergeordneter Weise an der Ernährung des Kiemenorgans betheiligen.

Ihrem Ursprunge und ihrer Richtung nach sind sie in dorsale und ventrale Verlängerungen zu scheiden.

## 1. Die ventralen Verlängerungen der Kiemenvenen.

Aus der ventralen Commissur der ersten Kiemenspalte entsteht:

Ein kleiner Zweig, der zum äusseren Rande des Zungenbeinknorpels zieht, an denselben kleine Aestchen abgibt und sich in den der Ventralfläche des Kieferapparates aufliegenden Muskeln verliert.

Ein zweiter, noch unbedeutenderer Ast, der in die Substanz des ersten Copularknorpels tritt, und sich hier und in dem umgebenden fettreichen Zellgewebe verzweigt.

An der ventralen Commissur der zweiten Kiemenspalte entsteht eine grössere Schlagader, die sich ihrer Beziehungen zum Unterkiefer wegen als *Arteria maxillaris externa* auffassen lässt. Sie verläuft am äusseren Rande des ersten Copularknorpels und des Zungenbeins, schlägt sich um den unteren Rand des letzten Suspensorium-Gliedes an die untere Fläche des Unterkiefers, und verliert sich mit ihren letzten Ramificationen im vordersten Abschnitte des *Musculus constrictor cari oris*, im äusseren Winkel der Mundspalte und dem zwischen Kieferapparat und Unterfläche des Basalknorpels ausgespannten Zellgewebe.

Sie erzeugt während ihres Verlaufes:

Einen Ast zur Aussenfläche des *Musculus sternohyoideus* ihrer Seite.

Einen oder mehrere kleine Zweige an die Knorpelmasse, das Zellgewebe und die untersten Zacken des ersten Kiemenbogens.

Einen dritten stärkeren Ast zum ventralen Ende der Kiemendeckelkieme, der kleine Zweige an die Wand derselben sendet, und die der ventralen Commissur angränzenden Kiemenzacken mit nutritiven Aesten speist.

Einen vierten Ast, der unterhalb des *Musculus constrictor cari oris* zum hinteren Rande des untersten Suspensorium-Gliedes tritt, einen kleinen *Ramus articularis* in die zwischen Suspensorium und Unterkiefer bestehende Gelenkverbindung sendet und mit einem Seitenzweige des später als Vene der Spritzlochkieme betrachteten Gefässes anastomosirt.

Mehr minder zahlreiche Aestchen an den unteren und oberen Rand der Mundspalte und die Schleimhaut des Mundes und Gaumens.

Während des Verlaufes der *Arteria maxillaris externa* längs des unteren Randes des Unterkiefers senken sich zahlreiche kleine Zweige in das Fleisch des *Musculus constrictor cari oris* und das zwischen ihm und der Unterfläche des Kieferapparates liegende Zellgewebe.

Aus der ventralen Commissur der dritten Kiemenspalte tritt eine Arterie hervor, die zwischen Copula der Kiemenbogen und oberer Wand des *Musculus sternohyoideus* zu dessen Innenfläche zieht, hier mit der entsprechenden Schlagader der anderen Seite anastomosirt, ja sich mit ihr zuweilen zu einem Stamm vereinigt, an der inneren Fläche des *Musculus retractor maxillae* nach vorn verläuft und sich in den dem Muskel zum Ansatz dienenden Papillen des unteren Randes der Mundspalte verliert.

Ihre Aeste sind:

Ein oder mehrere Arterien an den *Musculus sternohyoideus* ihrer Seite. Ein stärkerer Zweig läuft an der unteren Fläche dieses Muskels rückwärts und anastomosirt hier mit den letzten Ramificationen eines nach vorn ziehenden Astes der *Arteria subclaria*.

Zahlreiche Zweige in das Fleisch des *Musculus sternohyoideus*, an den *Musculus retractor maxillae* und die untere Fläche des *Musculus constrictor cari oris*.

Von grösserer Wichtigkeit ist eine zweite, aus der ventralen Commissur der dritten Kiemenspalte abgehende Schlagader. Sie ist zuweilen nur auf einer Seite vorhanden; in anderen Fällen
erscheint sie als Verlängerung der vierten Kiemenvene oder fehlt selbst gänzlich. Sie tritt über
die obere Wand des *Musculus sternohyoideus* zur unteren Fläche des *Arcus branchialis* und versorgt
das denselben bedeckende Zellgewebe. Dann folgt sie als feiner Faden der Unterfläche der *Arteria
branchialis* bis zum *Bulbus arteriosus* und verliert sich in der Muskelmasse desselben und dem an
ihn gränzenden Theil der Herzkammer.

Diese Arterie sah ich nur in einem Falle deutlich ausgeprägt; in allen anderen von mir präparirten Individuen wurde der Bulbus mit dem Anfangstheile der *Arteria branchialis* von den
Aesten der die Herzkammer ernährenden Kranzarterien versorgt.

Von der ventralen Commissur der vierten Kiemenspalte sah ich kein Gefäss von Bedeutung
ausgehen.

Der Ursprung der oben als ventrale Verlängerungen der Kiemenvenen beschriebenen
Arterien ist nicht constant, und ihre Verlaufsweise unterliegt häufigen Variationen. So sah ich
in einzelnen Exemplaren die untergeordneten Aeste der ersten und dritten Kiemenspalte gänzlich
fehlen, und die Versorgung des *Musculus constrictor cavi oris* und *retractor maxillae inferior* den Zweigen der *Arteria maxillaris externa* zugewiesen.

## 2. Die dorsalen Verlängerungen der Kiemenvenen.

Die erste Kiemenvene mit der Kiemendeckelkiemenvene sind hier von Bedeutung.
Aus den übrigen Kiemenvenen nehmen nur Gefässe ihren Ursprung, die von schwächerem Kaliber
und untergeordneterem Werthe sind.

Ich beginne mit der Betrachtung dieser kleinen Zweige, um später der Verästlung der
grossen Arterienstämme, die der Versorgung des Gehirns, der Sinnesorgane und der Weichtheile
des Kopfes vorstehen, eine um so eingänglichere Besprechung widmen zu können.

Aus der dorsalen Commissur der vierten Kiemenspalte taucht jederseits ein kleiner Stamm
hervor, der im Knorpel der *Massa lateralis cranii* nach oben steigt, sich nach kurzem verticalen
Verlauf nach innen biegt und in die auf der oberen Fläche der *Medulla oblongata* gelagerte röthliche gallertartige Fettmasse tritt.

Hier theilt er sich in kleine Zweige, verästelt sich im Innern jener Fettschichte und schickt
seine Ausläufer an die das verlängerte Mark bedeckenden Membranen.

Eine zweite Arterie ist mehr als unmittelbare Fortsetzung der vierten Kiemenvene zu
betrachten. Sie entspringt aus der hinteren Wand des im Basalknorpel laufenden Gefässes, zieht
eine kurze Strecke in den oberflächlichen ventralen Knorpelschichten nach hinten, durchbohrt
darauf dieselben und das den Knorpel bedeckende fettreiche Bindegewebe, und verzweigt sich
an der Aussenfläche der oberen Wand der Herznische. Ihre Aeste sind:

Eine kleine Schlagader zur vorderen Wand des aus der Vereinigung der Körpervenen
entstandenen *Sinus venosus*. Sie versorgt den Sinus mit ein bis zwei zarten Aestchen, durchbohrt
das Pericardium und verliert sich in der oberen Wand des Vorhofes.

Eine zweite schwächere Arterie an die obere Wand der Speiseröhre.

Kleine Aestchen an das umgebende Zellgewebe und den hintersten Abschnitt des Basalknorpels.

Aus der dorsalen Commissur der dritten Kiemenspalte sah ich mehrmals einen schwachen
Ast entspringen, der gleich dem oben genannten der vierten Kiemenspalte, die Knorpelmasse

des Schädels durchbohrt, und sich in die das kleine Gehirn und verlängerte Mark bedeckende Fettmasse senkt.

Die dorsale Commissur der zweiten Kiemenspalte erzeugt nur unbedeutende Gefässchen an den Schädelknorpel, die ihrerseits kleine *Ramuli nutrientes branchiales* an den Knorpel und das Zellgewebe des zweiten Kiemenbogens geben.

## Die Arteria carotis communis

ist die dorsale Verlängerung der ersten Kiemenvene. Sie erhält ihr Blut aus der ersten Kiemenvene und der in jene mündenden Vene der Kiemendeckelkieme. Tafel I.

Wenige Linien vom äusseren ventralen Schädelrand entfernt entspringt sie aus der Convexität des ersten Wurzelstammes der Aorta, läuft in der Masse des Basalknorpels nach vorn und aussen, erreicht den hinteren Rand des obersten Suspensoriumgliedes, und theilt sich hier in die *Carotis externa s. facialis* und *Carotis interna s. cerebralis*. Sie hat von ihrem Ursprunge bis zur Theilung eine Länge von 5—6 Linien und verläuft vollkommen astlos.

Die hier gegebene Schilderung des Ursprunges beider Carotiden aus einer *Carotis communis* weicht wesentlich von den Angaben Joh. Müller's[1] ab. Nach ihm sollte bei „*Acipenser*" aus den vorderen Kiemenvenen jederseits eine *Carotis posterior* entstehen, die *Carotis anterior* dagegen, wie in der Familie der Plagiostomen, aus dem der Spritzlochkieme angehörenden Gefässstamm ihren Ursprung nehmen.

Ich traf den Stamm der *Carotis communis* und ihre Theilung in eine stärkere *Carotis externa* und eine schwächere *Carotis interna* bei allen mir zur Untersuchung zu Gebote stehenden Exemplaren. Der Stamm der gemeinschaftlichen Carotide zeigte zwar eine sehr wechselnde Länge; dieselbe betrug aber nie weniger als vier Linien.

## Die Arteria carotis externa

*s. facialis*, von Anderen auch als *posterior* beschrieben, ist bei ihrem Ursprunge von fettreichem Zellgewebe bedeckt. Sie erhält noch innerhalb des durch den äusseren Schädelrand und die hintere Wand der *Musculi attractores suspensorii* gebildeten Winkels einen zarten Ast aus dem nahe liegenden Arterienstamm der Spritzlochschnkieme, und steigt hierauf, ohne Seitenäste abzugeben, an der hinteren Wand des ersten Suspensoriumgliedes nach oben. Dicht an der Einlenkungsstelle des Suspensorium in die laterale Schädelknorpelmasse erzeugt sie eine kleine Schlagader, die am hinteren Rande des ersten Suspensoriumgliedes abwärts zieht, kleine Zweige an die von der Seitenfläche des Cranium zum hinteren Rande des Suspensorium tretende Muskelmasse giebt und sich auf der äusseren Fläche des zweiten Gliedes des Aufhängegürtels verästelt. Da diese Arterie die Gegend der *Fossa temporalis* versorgt und sich in den als *Musculi attractores suspensorii* functionirenden *Musculi temporales et stylohyoidei* verzweigt, kommt ihr die Bedeutung einer *Arteria temporalis* zu. Sie verhält sich ähnlich der von Hyrtl[2] bei den Rochen als dorsale Verlängerung der ersten Kiemenvene geschilderten Temporalschlagader.

Nach Abgabe dieses Astes senkt sich der Stamm der *Carotis externa* in die Schädelknorpelmasse ein, und verläuft hier wenige Linien unterhalb der die *Canales semicirculares* aufnehmenden Höhlungen direct nach vorn. Unterhalb des vorderen Randes des ersten halbzirkelförmigen Kanales, nach einem astlosen Verlaufe von zwei Millim. im Inneren des Knorpels, erzeugt sie einen

Tafel I

---

[1] Gefässsystem der Myxinoiden, pag. 24.
[2] Arterielles Gefässsystem der Rochen, pag. 5.

zweiten Zweig. Dieser durchbohrt die Seitenwand des Schädelknorpels, und tritt an der inneren hinteren Wand des Schläfenhöhlendachs zu Tage. Da seine Verästlungssphäre sich auf die Wände der Augenhöhle und die sie begrenzenden Gebilde bezieht, bezeichne ich ihn als *Arteria orbitalis*.

Diese Arterie sendet noch vor ihrem Austritte aus dem Schädelknorpel einen feinen Arterienfaden in die Substanz des *Processus frontalis posterior*. Dort tritt er zu den in einer Höhlung des Fortsatzes liegenden Savi'schen Bläschen, und verästelt sich auf der Oberfläche des, peripherische Nervenausbreitungen aufnehmenden, gallertähnlichen Organs. Hat die *Arteria orbitalis* den Schädelknorpel verlassen, zieht sie an der dem Cranium zugekehrten Wand des *Musculus temporalis* nach vorne, und verliert sich mit ihren Endästen in dem den Bulbus umhüllenden Zellgewebe, und in dem Fleische der Augenmuskeln. Während ihres Verlaufes an der inneren Wand der Schläfen- und Augenhöhle, sendet sie ein bis zwei zarte *Rami perforantes* durch die knorpelige Seitenwand des Schädels in die Schädelhöhle. Dort anastomosiren zuweilen diese feinsten Arterien mit Zweigen des die Hemisphären bedeckenden Gefässnetzes. Da dasselbe aus den Aesten der den Basalknorpel nach oben durchbohrenden *Carotis interna* constituirt ist, findet durch die *Rami perforantes arteriae orbitalis* in manchen Fällen ein Austausch zwischen den Blutmassen beider Carotiden statt.

Dicht hinter der Abgangsstelle der *Arteria orbitalis* steigt die *Carotis externa* in der Knorpelmasse des Cranium senkrecht nach abwärts und taucht jenseits der Articulation des Kiefersuspensoriums mit dem Schädel zwischen den *Musculi attractores suspensorii* auf. Die *Carotis externa* hat somit im Inneren der *Massae laterales cranii* einen am inneren Rande des Schädelsuspensoriumgelenkes liegenden Bogen beschrieben.

An der Unterfläche jener Muskelmasse angelangt, verläuft sie parallel dem äusseren Rande der ventralen Schädelknorpelfläche, somit in gleicher Richtung mit der später zu beschreibenden *Carotis interna*. Auf ihrem Wege über die Unterfläche der *Musculi attractores* ist sie von zartem Zellgewebe umgeben; — sie sendet zahlreiche *Rami musculares* in das Fleisch der Muskeln.

Der dritte bedeutende Ast der *Carotis externa* entsteht nahe dem vorderen Abschnitte der *Musculi attractores*, wenige Millim. hinter einer die Austrittsstelle der *Nervi optici* aus dem Schädelknorpel verbindenden Linie. Er zieht an der Ventralfläche der *Musculi attractores* parallel dem vorderen Rande des Kiefersuspensorium abwärts. Dicht in grossmaschiges Zellgewebe eingehüllt, betritt er den inneren Rand des letzten Suspensoriumgliedes, beschreibt um seine Gelenkverbindung mit dem Unterkiefer einen kleinen nach aussen convexen Bogen, und schlägt sich auf die dorsale Fläche der als Oberkiefergaumenplatte aufzufassenden oberen Portion des Kieferapparates. Hier verzweigt sich die Arterie in dem der Rückenfläche aufgelagerten dünnen Muskelstratum, und sendet ihre letzten Ramificationen bis gegen die Spitze der Knorpelplatte hin. Sie erzeugt während ihres Verlaufes kleine Aestchen für das Fleisch der *Musculi attractores*, ein bis zwei *Rami articulares* für die Gelenkverbindung zwischen Unterkiefer und dessen Suspensorium, kleine Zweige an die äussere Fläche des Unterkiefer- und Zungenbeinknorpels, und endlich unbedeutende *Rami perforantes*, die durch die Gaumenplatte treten, und sich in der die Rachenhöhle nach oben auskleidenden Membran verästeln. Ihrem Verlaufe und ihrer Verästlungssphäre nach dürfte diese Schlagader als eine *Arteria hyoidea* zu bezeichnen sein.

Die *Carotis externa* verlässt die Unterfläche der *Musculi attractores suspensorii* im Bereich des hinteren Bulbusrandes, schlägt sich durch das dichte Zellgewebe nach vorn, und verläuft als *Arteria rostralis* an der Basalfläche des Schnauzenkorpels bis zur Schnauzenspitze. Dort anastomosirt sie mit der *Arteria rostralis* der anderen Seite, und schliesst so in gewissem Sinn den durch die ersten Wurzelstämme der Aorta und ihre dorsalen Verlängerungen nach vorn gebildeten Gefässkranz.

Sie erzeugt während ihres Verlautes an der unteren Schädelknorpelfläche — neben untergeordneten Zweigen an das benachbarte Zellgewebe, die Substanz des Knorpels, die äussere Hautdecke mit den Bartfäden u. s. w. — drei stärkere Aeste von Bedeutung:

Der erste derselben läuft über die dem Schädelknorpel angrenzende Schicht der Zuzieher rückwärts gegen die innere Wand der Orbita und *Fossa temporalis*, giebt zarte Zweige an die Aeste des Trigeminus und die geraden Augenmuskeln, und anastomosirt mit feinen Fäden der *Arteria temporalis* und *orbitalis*.

Der zweite Ast tritt als *Arteria muscularis* zu den Muskeln des Bulbus und verästelt sich im Fleische derselben.

Der dritte Ast — die letzte der von der *Carotis externa* erzeugten grösseren Schlagadern — erreicht als *Arteria ethmoidalis inferior* die hintere Wand der Nasenglocke und zerfällt in zahlreiche untergeordnete Zweige, die an der unteren Glockenwand nach vorne ziehen. Kleine Ausläufer versorgen das Knorpeldach der Nasenhöhle; andere Aestchen umgreifen den vorderen Rand der Nasenglocke, und anastomosiren mit den Ausläufern der *Arteriae ethmoidales superiores* der Gehirnschlagader.

## Die Arteria Carotis interna

*s. cerebralis*, *s. anterior*, ist schwächer als die *externa*, und zeichnet sich durch einen sehr eigen- thümlichen Verlauf aus. Ihre Entstehungsweise wurde bereits bei der Schilderung des gemein- schaftlichen Carotidenstammes angegeben. Sie verläuft dicht an der äusseren Kante der Ventral- fläche des Basalknorpels, ist an einzelnen Stellen selbst in die Knorpelmasse eingebettet und wird von einer dicken Schicht grobfaserigen Bindegewebes zugedeckt. Sie sendet hier nur spärliche *Rami musculares* an die vom Stirnfortsatz zum Kiefersuspensorium ziehenden Muskeln und ver- läuft sonst astlos bis gegen den hinteren Rand der Austrittsstelle des Sehnerven aus dem Schädel- knorpel. Hier findet zwischen ihr und dem der Spritzlochkieme angehörenden, von verschiedenen Autoren bald als *Arteria*, bald als *Vena ophthalmica* geschilderten Gefässe ein merkwürdiger Aus- tausch statt: Vom Stamm der Spritzlochkieme zur *Carotis interna*, oder umgekehrt, verläuft ein deutlich ausgesprochener Ast, der eine Länge von nur wenigen Linien hat und transversal gelagert ist. Da die Frage nach seiner Richtung wesentlich mit derjenigen nach dem Verlaufe des der Spritzlochkieme angehörenden Gefässes zusammenhängt, verweise ich im Uebrigen auf die im nächsten Abschnitte mitgetheilten Untersuchungen.

Jenseits des *Ramus transversus*, nahe der Austrittsstelle des *Nervus opticus* aus der Schädel- höhle, senkt sich die Gehirnschlagader, von den Aesten des Trigeminus und dichtem Zell- gewebe bedeckt, in die Schädelknorpelmasse ein. Sie durchbohrt den basalen Knorpel in der Richtung von vorne nach hinten, bildet somit im Inneren desselben einen Bogen, dessen Convexität nach vorne gerichtet ist. Kurz vor ihrem Durchtritt in die Schädelhöhle convergiren die Carotiden- stämme beider Seiten, nähern sich bis auf einen Zwischenraum von 1—2 Millim. und treten an der Basalfläche des Gehirns zwischen hinterem Rand der Hemisphären und vorderer Grenze der *Lobi optici* zu Tage.

Die *Carotis interna* erzeugt während ihres Durchtrittes durch die basale Knorpelmasse äusserst zarte Zweige an den Knorpel, die sich gegen die dorsalen Schädelschuppen hin verlieren. Ein sehr zarter Gefässfaden tritt noch im Inneren des Knorpels zu dem Neurilemm des Sehnerven, der nur durch eine blätterdünne Knorpelschicht von der Gehirnschlagader getrennt nach ab- wärts steigt.

Tafel II

Entweder unmittelbar nach seinem Durchtritt in die Schädelhöhle, oder noch innerhalb der dicht an die Unterfläche des Gehirnes grenzenden Knorpelmasse, erzeugt der Stamm der *Carotis interna* zwei meist deutlich ausgesprochene Aeste, die ich, ihrer Richtung wegen, als *Arteria cerebri anterior* und *posterior* bezeichnen will.

Beide Schlagadern steigen dicht an der dem Gehirne zugewandten Schädelhöhlenwand empor und theilen sich in gleicher Höhe mit der Abgangsstelle beider Sehnerven von den *Lobi optici* in mehrere Zweige, die ich zuweilen in geringerer Zahl, und aus dem ungetheilten Stamme der Gehirnschlagader selbst entspringen sah.

Der **vordere Ast**, die *Arteria cerebri anterior* zerfällt in einen starken *Ramus superior* und *inferior*, die ihrerseits wieder zahlreiche *Rami superiores et inferiores* an die obere und untere Fläche der Grosshirnhemisphären erzeugen. Hier bilden diese kleinen Arterien ein reiches Gefäss-netz, laufen gegen die vordere Schädelknorpelgrenze und anastomosiren gegenseitig. Ein oder zwei, selbst mehrere dieser Aeste zeichnen sich durch ein grösseres Lumen aus. Sie werden an dem vorderen Rande beider Hemisphärenflächen zu *Arteriae ethmoidales anteriores superiores et inferiores*, setzen sich auf den *Bulbus olfactorius* fort, versorgen denselben mit zarten Zweigen und ziehen parallel den Nervensträngen des Olfactorius bis zum äusseren oberen Rande der Nasenglocke ihrer Seite. Hier zerfallen sie, entsprechend den Verästlungen des Riechnerven, in zahlreiche kleine Aestchen, die an der oberen äusseren Wand der Glocke nach vorne laufen, sich vielfach theilen, den vorderen Rand durchbohren oder umgreifen, und auch an der Innenfläche des Organs Rami-ficationen bilden. Kleine Ausläufer dieser Gefässe anastomosiren mit den feinsten Zweigen der aus der *Carotis externa* entspringenden *Arteria ethmoidalis inferior*, und durch jene die Augen- und Nasenhöhle trennende Knorpelwand hindurch mit den letzten Aestchen der *Arteria temporalis*.

Aus dem den Hemisphärenoberflächen aufgelagerten Gefässnetz treten äusserst feine Schlag-adern in die das Vorderhirn nach aussen und oben begrenzende Knorpelmasse, durchbohren die obere Wand der Schädelkapsel und setzen sich in das zwischen Schädelknorpel und Deckschuppen gelagerte Zellgewebe fort. Ein constant vorhandener unpaarer Arterienfaden läuft zwischen beiden *Bulbi olfactorii* im Inneren des Schnauzenknorpels abwärts und anastomosirt mit anderen Knorpel-ästen der *Carotis externa* und des vorderen Astes der *Carotis interna*.

Der **hintere Ast** der Gehirnschlagader, die *Arteria cerebri posterior*, spaltet sich ebenfalls in einen *Ramus superior* und *inferior;* die Theilungsstelle entspricht der Mitte des als *Lobi optici* betrachteten Mittelhirnes und liegt dicht an der äusseren Oberfläche eines jeden Lobus.

Der *Ramus inferior* ist mächtiger als der *superior*. Er schlägt sich über die Basis des ent-sprechenden *Lobus opticus* bis auf die Unterfläche des kleinen Gehirnes und theilt sich hier, bis-weilen früher, in mehrere gleich starke Gefässstämme, die durch Seitenästchen wechselseitig mit einander anastomosiren, und an der breiten Basalfläche des *Cerebellum* und der *Medulla oblongata* nach hinten ziehen. Dort, wo die *Medulla oblongata* in die schmale Säule des eigentlichen Rücken-markes übergeht, finden sich an der unteren Fläche nur noch vier Arterienfäden. Ihre feinsten Endigungen anastomosiren mit den Ramificationen der aus den *Arteriis intercostalibus* und den hintersten dorsalen Kiemenvenenenden stammenden Spinalarterien. Diese bilden an der Unter-fläche des Rückenmarkes ein spärliches Gefässnetz und schicken ihre letzten Ausläufer gegen die Basis der *Medulla oblongata* hin, ohne sich vorher zu einer *Arteria spinalis impar* zu vereinigen. — Aus den an der Unterfläche des kleinen Gehirnes und verlängerten Markes bestehenden Ver-zweigungen des *Ramus inferior* stammen die zarten Schlagadern, welche die hier entspringenden Nervenstämme durch ihre Austrittskanäle im Schädelknorpel begleiten.

Die Gefässverzweigung an der Unterfläche der *Lobi optici* und des Cerebellum ist spärlicher, als jene an der Basis der Grosshirnhemisphären. Reichlicher ist zuweilen die Hypophysis bedacht. Sehr wechselnd fand ich beim Vergleichen mehrerer Individuen die Gefässverhältnisse an der Unterfläche der *Medulla oblongata*. Die in die Hirnsubstanz sich senkenden Arterien entspringen nicht aus bestimmten Gefässen an der Basis, sondern aus dem gemeinsamen hier ausgebreiteten Gefässnetz.

Die *Arteria auditiva* entspringt entweder direct aus dem unteren Stamme des *Ramus posterior* der *Carotis interna*, oder aus seinen feineren Verzweigungen. Sie begleitet den zwischen *Nervus trigeminus cum faciali* und *Nervus glossopharyngeus* entspringenden Acusticus, als einfacher ungetheilter Stamm, schlägt sich auf den die Gehörsteine enthaltenden membranösen Sack über, erzeugt hier einige feine, an seiner Oberfläche sich verästelnde Gefässe, und theilt sich hierauf in einen vorderen und einen hinteren Zweig. Der *Ramus anterior arteriae auditivae* versorgt die vorderen halbzirkelförmigen Kanäle. Der *Ramus posterior arteriae auditivae* tritt zu dem nach hinten und innen liegenden dritten halbzirkelförmigen Kanal und anastomosirt im Inneren des Knorpels mit einem Aestchen des *Ramus anterior*. Sehr feine Zweige der *Arteria auditiva* versorgen die in Knorpellöhlen eingebetteten benachbarten Savi'schen Gallertbläschen. Die Gefässverbreitungen der *Arteria auditiva* sind spärlich und hangen zum Theile mit der umgebenden Knorpelmasse durch straffes Zellgewebe eng zusammen.

Der *Ramus superior* des hinteren Astes der *Carotis cerebralis* ist nur von untergeordneter Bedeutung. Er schlägt sich an der Seitenfläche des entsprechenden *Lobus opticus* zur äusseren Oberfläche des Cerebellum, zerfällt hier in kleine Zweige, betritt mit ein bis zwei Gefässen die obere Fläche der *Medulla oblongata*, und anastomosirt mit Aestchen der später zu beschreibenden mittleren Gehirnarterie, den am äusseren Rande der Basalfläche laufenden Ramificationen des unteren Astes und kleinen Ausläufern der aus den *Arteriis intercostalibus* und den dorsalen Kiemenvenenenden stammenden *Arteriae spinales*.

Der Stamm der *Carotis interna*, der die eben geschilderten *Rami anteriores et posteriores* an die Hemisphären, das kleine Gehirn und verlängerte Mark abgegeben, steigt zwischen diesen beiden Aesten wenige Linien astlos aufwärts. Hierauf erzeugt er einen Zweig, der über die untere Fläche der Gehirnschenkel an die *Lobi optici* und zum Gefässsack der Hypophysis tritt. Derselbe verästelt sich in den Gefässhäuten und giebt kleine Zweige an die Hirnschenkel und die Sehhügel. Aus den hier liegenden Gefässen, zuweilen aus dem Stamme der sie erzeugenden Schlagader selbst, entsteht eine zarte Arterie, die an der Unterfläche des *Nervus opticus* die Schädelhöhle verlässt, sich gemeinschaftlich mit dem Sehnerven in die hintere Wand des Bulbus senkt und im Inneren des Auges in der Gefässhaut untergeht. Was die Bedeutung dieser Schlagader als einer eigentlichen *Arteria ophthalmica* anbetrifft, so findet sich das Nähere hierüber in dem von der Spritzlochnebenkieme und ihrer Beziehung zum Auge handelnden Paragraphen. Ueber die feineren Gefässverhältnisse in der Chorioidea, Iris etc. dürfte nur eine genaue mikroskopische Untersuchung Aufschluss geben. Bemerkenswerth ist der schon dem unbewaffneten Auge entgegentretende grosse Gefässreichthum der *Membrana hyaloidea*.

Nach Abgabe jener Arterie an die Hirnschenkel, die Sehhügel und die Hypophysis biegt sich der Stamm der *Carotis interna* etwas nach vorn, um gleich darauf in einem nach vorn convexen Bogen rückwärts bis gegen die hintere Portion der *Crura cerebri* zu laufen. Ueber die äussere und obere Fläche der Pedunculi hinwegziehend, convergirt er in transversaler Richtung mit dem entsprechenden Gefäss der anderen Seite, und vereinigt sich oberhalb der die Grosshirnschenkel trennenden Rinne zu einer gemeinschaftlichen Schlagader, einer *Arteria cerebri media* oder *impar*.

Diese Verschmelzung beider Carotiden ist keine constante Erscheinung. In anderen Exemplaren näherten sich die Stämme beider Seiten bis auf die Entfernung von wenigen Linien, und verliefen hierauf neben einander in vollkommen paralleler Richtung.

In beiden Fällen senken sich kleine Zweige der Carotis in die Rinne zwischen den Pedunculis, andere verästeln sich in der über die Pedunculi sackartig ausgespannten Hirnhaut.

Hat die Bildung einer *Arteria cerebri media* stattgefunden, zieht diese Schlagader genau in der Mittellinie der oberen Fläche der *Lobi optici* bis gegen die Höhe des kleinen Gehirnes. Dort theilt sie sich in zahlreiche untergeordnete Zweige, die über seine Oberfläche sich nach allen Richtungen hin verbreiten und verästeln. Ausläufer des eigentlichen Stammes der *Arteria cerebri media* setzen sich über den hinteren Rand des Cerebellum auf die obere Fläche der *Medulla oblongata* fort, ziehen hier, sich spärlich ramificirend, nach hinten, und anastomosiren mit den Zweigen der auch die Basalfläche des Rückenmarks versorgenden Spinalarterien.

Unbedeutende Aestchen dieser mittleren Gehirnschlagader treten in die dem Kleinhirn und der *Medulla oblongata* aufgelagerte röthliche Gallertmasse und durch dieselbe hindurch bis in die obere Knorpelwand des Schädels.

Was die gegenseitigen Verhältnisse der Gefässvertheilung an der oberen Fläche des Gehirnes anbetrifft, so finden sich die *Crura cerebri*, das Kleinhirn, und die *Medulla oblongata* am reichlichsten bedacht. Spärlicher ist die Menge der Gefässe auf der Oberfläche der Grosshirnhemisphären. Die zwischen den *Pedunculis cerebri* bestehende Oeffnung, sowie der Eingang in die Hohle des vierten Ventrikels sind die hauptsächlichsten Eintrittsstellen für die feinen Schlagadern zum Inneren des Gehirnes.

## §. 4.
### Die Spritzloch-Nebenkieme und ihre Gefässverhältnisse.

Taf. I u. III.   Die sogenannte Pseudobranchie des Spritzloches findet sich bei den meisten Teleostei, Plagiostomen, und den zu den Knorpelfischen gehörigen *Ganoidei chondrostei*. In dem Verzeichniss der 282, von Joh. Müller[1] auf das Vorkommen der Spritzlochnebenkieme untersuchten Fischgattungen, wird unter den Sturionen bei *Acipenser L.* eine am Spritzloch befindliche Nebenkieme erwähnt, die der einer eines Spritzlochs entbehrenden Gattung *Scaphirhynchus* Heck. abgehen soll. Da bekanntlich auch bei *Acipenser ruthenus* das Spritzloch fehlt, forschte ich mit um so grösserem Interesse nach dem Mangel oder Vorkommen einer Spritzlochkieme. Ich fand auf dem hinteren Abschnitt der zwischen *Massae laterales cranii* und Kiefersuspensorium ausgespannten Muskelmasse ein Organ, das sich schon seiner Lage nach, und bei genauerer Untersuchung, als dem System der Spritzlochkiemen angehörend zeigte.

Dasselbe hat das Aussehen eines theilweise in sich selbst zusammengerollten Gefässkammes, besitzt eine Länge von 2 — 3 Millim., ist von einer äusserst zarten Membran überzogen, und theilweise in fettreiches Zellgewebe eingehüllt. Sein innerer Rand ist von der äusseren ventralen Grenze der Schädelknorpelbasis ungefähr 1 — 1·5 Millim. entfernt, sein äusserer Rand sieht gegen den concaven Theil des Kiefersuspensorium. Es ist auf beiden Seiten in vollkommener Symmetrie vorhanden, und findet sich in dem Verlaufe des bald als *Vena*, bald als *Arteria ophthalmica* aufgefassten, vom Bulbus bis zur Kiemendeckelkieme sich erstreckenden Gefässes eingeschaltet.

---

[1] Gefässsystem der Myxinoiden, pag. 75 u ff.

Um unnöthige Wiederholungen zu vermeiden, gebe ich gleich jetzt eine nähere Beschreibung von dem Bau dieser Spritzlochkieme [1]), und gehe später erst zu der Betrachtung der zu- und abführenden Gefässe über.

Unter der ersten Vergrösserung eines Plössel'schen Arbeitsmikroskopes (circa 45) erscheint die injicirte Spritzlochkieme vollkommen gleichmässig mit der rothen Injectionsmasse angefüllt. Nirgends lässt sich ein stützendes knorpeliges oder fibröses Element wahrnehmen. Das Gerüst der Kieme bilden zwei an der Basis, d. h. dem v o r d e r e n Theile des Organs in paralleler Richtung übereinander gelagerte Gefässe. Dieselben lassen in dem Umfang ihres Lumens keinen Unterschied erkennen.

Von der hinteren Wand des oberen zur hinteren Wand des unteren Basalstammes treten neun bis fünfzehn, in gerader Richtung stehende, einander mehr minder parallele Bogen, die als Gefässbrücken die hintere Wand der zwei Basalgefässe vereinigen. Die innersten, dem Schädelknorpel nächst gelegenen sind stärker und massiver, als die äusseren, dem Kiefersuspensorium zugewandten; dagegen zeichnen sich die letzteren durch grössere Länge aus. Das untere Ende des i n n e r s t e n Verbindungsbogens bildet selbst den Anfangstheil des unteren basalen Hauptstammes, und der Endtheil des oberen Basalgefässes geht in die obere Portion des äussersten Verbindungsbogens über. Die Endtheile der übrigen Gefässbrücken hängen nicht alle isolirt mit den hinteren Wänden der zwei basalen Stämme zusammen. Es sind die unteren Portionen der fünf dem äussersten der Bogen zunächst nach innen folgenden Verbindungsbrücken, die sich als ein oder zwei gemeinschaftliche Stämme mit der hinteren Wand des u n t e r e n Basalgefässes verbinden. Der innere und äussere Rand einer jeden dieser Brücken erscheint mit einer Reihe transversaler Zacken dicht besetzt.

Unter stärkerer Vergrösserung (von 60, 90 und 120) lassen sich folgende Verhältnisse unterscheiden:

Jede Verbindungsbrücke besteht in ihrer ganzen Ausdehnung aus zwei in verticaler Ebene dicht über einander gelagerten Gefässen. Vom inneren und äusseren Rande des oberen Gefässes geht eine neue Reihe, nur weit kleinerer Bogen aus, die, in transversaler Richtung stehend, sich entsprechend in den inneren und äusseren Rand des unteren senken. Diejenigen Endportionen dieser kleinen Bogen zweiter Ordnung, die dem oberen basalen Stamm der Spritzlochkieme zunächst gelegen sind, bilden den Anfangstheil des unteren Gefässes der Verbindungsbrücke; die Endportion des oberen Gefässes geht selbst als letztes kleines Bogenpaar in das untere der Brücke über.

Der Anfangstheil des oberen Gefässes eines jeden der Verbindungsbogen steht somit mit dem oberen, die Endportion des unteren Gefässes mit dem unteren basalen Stamm der Spritzlochkieme in Verbindung. Das nämliche Princip, das der Vereinigung der zwei basalen Stämme durch die fünfzehn grossen Brückenbogen zu Grunde liegt, lässt sich — nur in kleinerem Maassstabe — in der Verbindung der zwei Gefässe einer Brücke durch jene kleinen transversalen Bogenpaare wieder finden.

Bei einer Vergrösserung von 120, erscheinen die kleinen Bogen selbst in ihrer Mitte mannigfach gefaltet, gekräuselt und geknickt. Der Umstand, dass die kleinen Fältchen strotzend mit Injectionsmasse angefüllt sind, lässt vermuthen, dass in ihnen eine capillare Verästlung der zuführenden Gefässe vor sich geht. Am v o r d e r e n Rande des kleinen Bogens verläuft das zuf ü h r e n d e, am h i n t e r e n Rande das a b f ü h r e n d e Gefässchen.

Die Ränder der fünfzehn grossen Brücken sind nicht in ihrer ganzen Ausdehnung mit kleinen Bogenpaaren besetzt. Die obere und untere Endportion ist in der Nähe der Basalgefässe der

---

Spritzlochkieme frei. Ich zählte 44 kleine Bogenpaare auf der äussersten, und etwas über 30 auf der innersten Gefässbrücke.

Jene zarte Membran, die in äusserst dünner Schicht die Spritzlochkieme überzieht, bildet die zahlreichen minimen Fältchen der kleinen Bogenpaare und mag der capillaren Verästlung als Basis dienen. Aus der *Carotis externa* stammende Arterien, welche die Muskelmasse der *Attractores suspensorii* versorgen, senden zarte Fäden zu der die Spritzlochkieme bekleidenden Membran und dem sie theilweise umhüllenden Zellgewebe.

Eigenthümlich und vielleicht in entwicklungsgeschichtlicher Beziehung nicht ohne Interesse ist die wechselnde Anzahl der grossen Verbindungsbogen der Spritzlochkieme in verschiedenen Exemplaren. In einzelnen Individuen fand ich 13, selbst 15 vollkommen regelmässig entwickelte Gefässbrücken, während in einem anderen ihre Zahl sich bis auf 9 vermindert zeigte. Die innersten Verbindungsbogen stellten sich unverändert dar; die eine oder andere der äussersten Gefässbrücken schien dagegen untergegangen, oder mit ihrem Nachbar zu einem Stamm verschmolzen zu sein. Diese Ansicht wird durch den Umstand unterstützt, dass bei der geringeren Anzahl der Verbindungsbogen nur die drei äussersten derselben eine Vereinigung der unteren Endportion zu einem Stamm erkennen liessen.

Aus der gegebenen Beschreibung vom Bau der Spritzlochkieme geht ihre respiratorische Natur mit Sicherheit hervor. Die wirkliche Function des Organs kann erst dann besprochen werden, wenn eine genaue Untersuchung der mit der Spritzlochkieme in Verbindung stehenden Gefässe dargethan haben wird, welchen der Basalstämme wir als zu-, welchen als abführend zu betrachten haben.

Es handelt sich hier erstens um den zwischen Spritzloch- und Kiemendeckelkieme liegenden, im weiteren Verlaufe als unteres Basalgefäss der Spritzlochkieme erscheinenden Gefässstamm, und zweitens um die Fortsetzung des oberen Basalgefässes von der Spritzlochkieme bis zum Inneren des Auges.

Johannes Müller[1]) war es, der im Jahre 1841, gestützt auf frühere Untersuchungen von Broussonet, Rosenthal, Meckel, Rathke, Lereboullet, und Anderen, die kiemenartigen Nebenkiemen der Knochen- und Knorpelfische einer eingänglicheren Betrachtung unterwarf. In dem vom Gefässsystem der Spritzlochkieme handelnden Abschnitte werden als Arterien dieser Nebenkieme entweder ein Ast der *Arteria hyoidea* oder ein solcher des *Circulus cephalicus* beschrieben. Sie sollen sich auf der meist der *Basis cranii* zugekehrten Seite der Pseudobranchie verästeln, die Nebenkiemenvene dagegen auf der entgegengesetzten Hälfte ihren Ursprung nehmen. Als wichtigste Function der Spritzlochkieme wird bei den Knochenfischen ihr Verhältniss zum Auge, bei den Knorpelfischen dasjenige zum Auge und Gehirn hervorgehoben. Das zuführende Gefäss der Pseudobranchie soll durch sie als durch ein Wundernetz hindurch passiren und als *Arteria ophthalmica magna* bei den Knochenfischen zur Chorioidea des Auges, bei den Knorpelfischen zu ihr und gleichzeitig als *Carotis anterior* zum Gehirn verlaufen. Die als Wundernetz functionirende Spritzlochnebenkieme soll nicht qualitativ, sondern mechanisch wirken, d. h. die Strömung der Blutwelle verlangsamen.

Bei der Familie der Sturionen erzeugt nach Müller die erste Kiemenvene die Arterie der Spritzlochnebenkieme.

In entgegengesetzter Weise spricht sich Prof. Hyrtl[2]) über die Deutung der Gefässverhältnisse der Spritzlochkieme bei den Rochen aus. Nach seinen Untersuchungen hat das Auge von

*Raja batis* zu drei Gefässen eine nähere Beziehung. Ausser jenem ersten von Joh. Müller als *Arteria ophthalmica magna* beschriebenen Gefässstamme, gelangt ein Ast der *Carotis cerebralis* zur Gefäss- und Regenbogenhaut des Auges, während ein anderer Zweig der Gehirnschlagader als *Arteria centralis nervi optici* zur Retina verläuft. Es müssten somit — bei dem Mangel eines als *Vena ophthalmica* anzusprechenden Gefässes — entweder zwei *Arteriae ophthalmicae* zum Auge existiren, oder aber ist die Müller'sche *Arteria ophthalmica magna* als Augenvene aufzufassen. In diesem Falle hätte die Spritzlochkieme nicht mehr die Function eines Wundernetzes, sondern die einer respirirenden Kieme, die das venöse Blut des Auges arteriellisirt.

Meine eigenen Untersuchungen über die Natur der in Frage stehenden Gefässe bei *Acipenser ruthenus* ergaben folgende Resultate:

Ich prüfte zuerst die beiden Basalgefässe der Spritzlochkieme, und ihre betreffenden Verlängerungen auf eine Zu- oder Abnahme ihres Lumens in der Nähe der Spritzlochkieme selbst, sowie der Kiemendeckelkieme und des *Bulbus oculi*. „Es ergibt sich ein constanter Durchmesser des Gefässlumens in unmittelbarer Nähe der Spritzlochnebenkieme. Gegen die Kiemendeckelkieme hin, nimmt die Fortsetzung des unteren Basalstammes durch reichliche Gefässabgabe allmälig ab: diejenige des oberen bis zum Bulbus hin, ist gleichmässig stark bis hart an die Abgangs- oder Aufnahmsstelle des schon bei Gelegenheit der Hirnschlagader erwähnten Querasts (pag. 11). Zwischen *Ramus transversus* und Bulbus hat das Lumen des Gefässes wohl um die Hälfte abgenommen." Der Umstand, dass die Fortsetzung des unteren basalen Stammes gegen die Kiemendeckelkieme hin allmälig durch Gefässabgabe schwächer wird, lässt mit ziemlicher Bestimmtheit auf eine Blutbewegung in dieser Richtung schliessen.

Verfolgen wir die Fortsetzung des oberen Basalgefässes gegen den *Ramus transversus* und Bulbus hin, so ist das auffallend stärkere Lumen der zwischen transversalem Ast und Spritzlochkieme liegenden Portion befremdend. Ist jener Querast ein Zweig der *Carotis interna* zu dem in Frage stehenden Gefässabschnitt, dann sollte, gegenüber der Zunahme des Lumens dieses Stammes, eine entsprechende Abnahme desjenigen der Gehirnschlagader zu constatiren sein. Leider ist eine solche Beweisführung ohne Täuschungen nicht möglich, weil der Anfangstheil der *Carotis interna* zum Theil, ihre auf den Querast folgende Portion aber gänzlich im basalen Knorpel eingeschlossen ist. Folgen wir der durch das Verhalten des unteren basalen Stammes bedingten Annahme einer Blutbewegung vom Bulbus nach der Kiemendeckelkieme hin, dann ist der *Ramus transversus* als Ast der Carotide zum Gefäss der Spritzlochkieme zu betrachten, und findet die erwähnte Lumenzunahme dieses Stammes durch seinen Zutritt eine genügende Erklärung.

Nicht ganz ohne Werth ist die Beobachtung, dass zwischen *Bulbus oculi* und Spritzlochkieme der Verlauf des fraglichen Gefässes vollkommen astlos ist, während, wie bereits erwähnt, die hintere als Fortsetzung des unteren basalen Stammes erscheinende Portion, sich mannigfach in den benachbarten Gebilden verzweigt. Hat die Spritzlochkieme die Function, venöses Blut des Auges zu arteriellisiren, dann erscheint es klar, dass nur aus dem jenseits der Spritzlochkieme liegenden Gefässstamm der Ernährung dienende Gefässe abgegeben werden können.

Die Verhältnisse der Spritzlochkieme selbst werfen an und für sich wenig Licht auf die Bedeutung der zwei basalen Stämme. Spricht einerseits die grössere Stärke ihrer an die Schädelbasis grenzenden Gefässbrücken dafür, dieselben als Anfangsbogen der Spritzlochkieme zu betrachten, so steht andererseits die bedeutendere Länge der äusseren Verbindungsbrücken, nebst ihrem grösseren Reichthum an kleinen Bogenpaaren, einer solchen Annahme im Wege.

Eine Untersuchung der mit dem Sehorgan zusammenhängenden Gefässe weist ein ähnliches Verhalten nach, wie es von Prof. Hyrtl bei der Familie der Rochen angegeben wurde: Ich

3

erwähnte bereits bei der Beschreibung des Verlaufes der Hirnschlagader einer zarten Arterie, die aus dem die Unterfläche der *Lobi optici* bedeckenden Gefässnetze, oder dem sich hier verzweigenden Ast der Carotide selbst, entspringt, und längs des *Nervus opticus* zum Inneren des Auges tritt, um sich in der Gefässhaut aufzulösen. Trotz ihrer grossen Zartheit hat diese Schlagader, ihres Ursprungs und Verlaufes wegen, die Bedeutung einer *Arteria ophthalmica*. Ein anderer noch feinerer Ast der *Carotis cerebralis* gelangt, während ihres Durchtritts durch die basale Schädelknorpelmasse, zum Neurilemm des *Nervus opticus*. In dritter Linie ist das mit der Spritzlochkieme in Beziehung stehende Gefäss des Bulbus zu erwähnen. Forschen wir nach dem Bestehen einer Vene, so lässt sich trotz genauer Nachforschung kein viertes, als solche anzusprechendes Gefäss erkennen. Es ist somit, bei Gegenwart einer aus der *Carotis interna* entspringenden *Arteria ophthalmica*, der fragliche Stamm der Spritzlochkieme mit grosser Wahrscheinlichkeit als eine *Vena ophthalmica* zu betrachten.

Die Mehrzahl der angeführten Thatsachen spricht mit ziemlicher Gewissheit für die venöse Natur des den *Bulbus oculi* und die Spritzlochkieme in Verbindung setzenden Gefässes, und wird die von Prof. Hyrtl über die Blutbewegung in der Spritzlochkieme der Rochen ausgesprochene Ansicht durch ein analoges Verhalten dieser Nebenkieme im Sterlet unterstützt.

Die Function der in ihrer respiratorischen Natur erkannten Spritzlochnebenkieme ist die Decarbonisirung des venösen Blutes des Auges. Dasselbe betritt, gemischt mit dem im Querast der Gehirnschlagader zugeführten arteriellen Blut, als oberer basaler Hauptstamm die Spritzlochkieme und strömt hier successive in die dreizehn grossen Brückenbogen. Durch das obere Gefäss der Brücke gelangt es in die kleinen Bogenpaare, wird im Capillarsystem derselben arteriellisirt, ergiesst sich durch das untere Gefäss eines Verbindungsbogens in den unteren basalen Stamm der Nebenkieme, und senkt sich später in die Vene der Kiemendeckelkieme.

Es bleibt mir am Schlusse dieses Abschnittes nur noch übrig, eine genauere Beschreibung des Verlaufes der Arterie und Vene der Spritzlochkieme folgen zu lassen: „Das Blut der Gefäss- und Regenbogenhaut des Auges sammelt sich in der zarten *Vena ophthalmica* und verlässt die hintere Wand des Bulbus hart an der Eintrittstelle des *Nervus opticus*. Von Zellgewebe dicht umhüllt, läuft das Gefäss an der äusseren unteren Fläche des Sehnerven nach innen bis zu dessen Austritt aus der Masse des Basalknorpels. Hier kreuzt es sich mit den nach vorne an die unteren Weichtheile des Schnauzenknorpels ziehenden *Ramus buccalis Trigemini*, *Ramus maxillaris inferior Trigemini*, und dem Stamme der *Carotis externa*, und empfängt aus der nach innen liegenden *Carotis interna* den oftgenannten *Ramus transversus*. Von hier an nimmt die Vene um das Doppelte an Stärke zu und führt neben Venen- auch Arterienblut. Sie bildet unmittelbar nach der Gefässaufnahme einen nach aussen stumpfen Winkel und zieht parallel dem äusseren Rand des Schädelknorpels nach hinten. Hier liegt sie dicht an der äusseren Seite der *Carotis interna*, ist oft sogar durch fettreiches zähes Zellgewebe mit ihr verbunden. An ihrer unteren Seite läuft nahe ihrer Austrittstelle aus dem Schädelknorpel der *Ramus maxillaris inferior Trigemini*.

Hat die *Vena ophthalmica* den hintersten Abschnitt der vom Schädelknorpel zum concaven Rande des Suspensorium ziehenden Muskeln erreicht, verlässt sie den äusseren basalen Knorpelrand und biegt sich, auf der Muskeloberfläche laufend, in ziemlich rechtem Winkel gegen die Concavität des Suspensorium. Entweder direct in jener zweiten Winkelkrümmung, oder wenige Linien später, erhält sie einen zweiten, nur weit schwächeren Ast aus dem Anfangstheile der *Carotis interna*. Derselbe fehlt in manchen Exemplaren und scheint, seines inconstanten Vorkommens wegen, keine besondere Bedeutung zu haben. 1—2 Millim. vom äusseren Rande des Schädelknorpels entfernt, löst sich die *Vena ophthalmica* in schon beschriebener Weise in der Spritz lochkieme auf.

Die austretende Vene entsteht, wie früher angegeben wurde, als unterer basaler Stamm der Nebenkieme. Sie steigt an der zur unteren Portion des Suspensorium ziehenden Muskelmasse in einer der Concavität des Aufhängegürtels entsprechenden Krümmung abwärts und sendet kleine Aeste an das umgebende Zellgewebe und die *Musculi attractores suspensorii*. In der Gegend der Verbindung des zweiten und dritten Suspensoriumgliedes schlägt sie sich um die vordere äussere Wand der dritten kleinen Knorpelplatte und erzeugt zwei, die früheren nur als *Rami musculares* functionirenden Zweige weit an Stärke übertreffende Arterien.

Die erste, mächtigere derselben, läuft an der Aussenfläche der dritten Knorpelplatte anfangs nach hinten und unten, später nach vorne und innen bis zur Gelenkverbindung zwischen Unterkiefer und Suspensorium. Hier giebt sie zahlreiche untergeordnete Zweige an die genannten Knorpeltheile, das benachbarte Zellgewebe und den an der basalen Fläche des Zungenbeines und Unterkiefers ausgespannten Muskelapparat, erzeugt einen kleinen *Ramus hyoideus*, und anastomosirt während ihres Verlaufes mit den entsprechenden Aesten der anderen Seite und den Endramificationen der als ventrale Verlängerung der ersten Kiemenvene beschriebenen *Arteria maxillaris externa* (p. 7).

Die zweite, schwächere Schlagader zieht sich an der Aussenfläche der oberen Suspensoriumglieder aufwärts, erzeugt sehr feine Zweige an die Substanz des Knorpels und verliert sich in dem vorderen unteren Abschnitte der *Musculi attractores suspensorii*.

Der Stamm der Spritzlochkiemenvene verläuft zum hinteren Rande des letzten Suspensoriumgliedes und senkt sich in die vordere Wand der Kiemendeckelkieme, die nur durch spärliches lockeres Zellgewebe dem Kiemendeckel angeheftet ist. Hier gelangt sie in die Nähe der am hinteren Rande der einfachen Kiemenblättchenreihe verlaufenden *Vena branchio-opercularis*, biegt sich im rechten Winkel nach oben, begleitet in der Entfernung von einigen Linien die Vene der Kiemendeckelkieme gegen den dorsalen Schädelknorpelrand und spaltet sich in mehrere feine Aestchen, die gesondert in die dorsale Endportion derselben treten.

## §. 5.

## Aorta.

Ihre Bildung durch die Kiemenvenen wurde bereits im ersten Abschnitte ausführlich behandelt. Tafel IV.

Sie liegt kurz nach der Einmündung des letzten Wurzelpaares noch in den oberflächlichen ventralen Schichten des Basalknorpels verborgen, taucht allmälig aus dem Knorpel auf und erscheint, vom vorderen oberen Rande des Schultergürtels an, als ein den ganzen Körper durchziehender flacher Längskanal. Ihre Breite ist am grössten vom Ursprunge an bis in die Nähe des Afterdarmes, beträgt im Maximum zwischen 3 und 4 Millim. und nimmt durch die reichliche Abgabe von Körperarterien fortwährend ab. Die Ventralfläche der Wirbelkörper bildet ihre obere — eine mässig starke, von den unteren Wirbelbogen ausgehende fibröse Haut ihre untere Begrenzungswand. Die letztere wird gegen das Ende des Darmkanales hin durch Knorpeltheile gestützt, die von den unteren Wirbelbogen entspringen, und als ihre Verlängerungen zu betrachten sind. So verhält sich die Begrenzung des Aortenrohres bis zur Endportion des Rumpfes. Die *Aorta abdominalis* wird schliesslich zur *Aorta caudalis* und verliert sich in den letzten Strahlen der Schwanzflosse.

3*

Die untere, den Baucheingeweiden zugekehrte Wand des Aortenkanales wird vom Bauchfell überzogen und hängt mit ihm durch lockeres Zellgewebe zusammen. Das mässig starke Perichondrium der Wirbel kleidet die Innenfläche des Kanales aus. Es erhebt sich an der inneren dorsalen Wand zu einer drei bis vier Linien hohen Längsfalte, die sich vom hinteren ventralen Rande des Schädelknorpels bis zum Ende des Aortenrohres erstreckt, in das Aortenlumen ragt, und im Ruhezustande umgeschlagen in der rechten Hälfte des Kanales gelagert ist. Bei jeder lateralen Rumpfbewegung schwingt das Band im Inneren des Rohres und peitscht das Blut von einer Seite nach der anderen. Vielleicht dürfte hierdurch bei energischer Bewegung die Eintheilung der Blutwelle in die Seitenäste der Aorta befördert, und eine Beschleunigung der Circulation im Ganzen veranlasst werden, was um so wahrscheinlicher, ja nothwendiger erscheint, als der Herzschlag auf die jenseits der Kiemencapillaren gelegenen Verzweigungen des Gefässsystems nur einen sehr schwachen Einfluss üben kann.

Von der Stelle der Anheftung des Schultergürtels an den Schädel, bis zum hintersten Rumpfende, erzeugt die Aorta zahlreiche Arterien für die Seitenwände des Körpers und die Eingeweide. Die ersteren entspringen in der Mehrzahl paarig, wenn auch nicht symmetrisch; die letzteren sind bis auf die zu den Nieren und der Geschlechtsdrüse gehenden Schlagadern unpaar.

## §. 6.

## Die paarigen Aortenäste.

Hierhin gehören die Arterie des Schultergürtels, die Schlüsselbeinschlagader, zahlreiche *Arteriae intercostales* und Arterien an die Nieren und die Geschlechtsdrüse. Ich folge in ihrer Aufzählung der durch den Ursprung gebotenen Reihenfolge.

### 1. Die Arterie des Schultergürtels.

Tafel IV. Diese Schlagader entspringt aus der Seitenwand des Aortenrohres, etwas gegen die Dorsalwand hin, und ist von gleicher Mächtigkeit wie die 1—2 Millim. weiter rückwärts austretende Subclavia. Ihre Ursprungsstelle liegt etwas hinter dem vorderen Rande des Schultergürtels, grenzt nach aussen an die innere Rumpffläche und den Schultergürtel, nach unten an die dorsale Oberfläche des Oesophagus und ist vom Bauchfell und fettreichem Bindegewebe zugedeckt.

Sie zweigt sich im rechten Winkel von der Aorta ab, steigt an der Seitenfläche des ersten Schultergürtelknorpels abwärts, verläuft eine kurze Strecke in paralleler Richtung mit der Subclavia und senkt sich nach einem Verlaufe von 8—10 Millim. in die Knorpelmasse des Schultergürtels ein. Hier zieht sie sich hinter jener der Kiemenkammer zugekehrten Wand, theils im Knorpel selbst, theils in den die Knorpeltheile vereinigenden Weichgebilden, nach unten, und spaltet sich früher oder später, meist am vorderen oberen Rande des untersten Knorpelstückes des Schultergürtels, in drei grössere, gleich starke Schlagadern. Während ihres Verlaufes vom Ursprunge bis zur Theilung erzeugt sie:

Einen kleinen Ast, der sich entweder selbst in den Anfangstheil der Subclavia senkt, oder mit einem Zweige derselben anastomosirt.

Einen Zweig, der aus der oberen Wand des Stammes tritt, dicht hinter der Einlenkungsstelle des Schultergürtels in den Schädelknorpel die oberste Portion der seitlichen Rumpfmuskeln durchbohrt und durch die knorpelige Seitenwand der Wirbelsäule zur Ventralfläche des Rückenmarkes läuft. Seine Aestchen anastomosiren hier mit den zur *Medulla oblongata* und *spinalis* tretenden letzten Ramificationen des *Ramus posterior* der *Carotis interna*. Dieser Zweig gelangt nicht immer bis zum Rückenmark, sondern verliert sich öfters gleich anfangs in der seitlichen Rumpfmusculatur.

Kleine Schlagadern, die sich in den Knorpeltheilen des Schultergürtels auflösen.

Von den drei Endästen, in welche sich die Arterie des Schultergürtels spaltet, senkt sich:

Der innerste, als *Arteria muscularis*, in die Muskeln der Brustflosse, versorgt dieselben durch zahlreiche kleine Zweige, und schickt seine Ausläufer bis gegen den Anfangstheil der mittleren Flossenstrahlen hin.

Der mittlere Endast, die eigentliche Fortsetzung der Schlagader des Schultergürtels, tritt in die Knorpelmasse des Flossenträgers ein, versorgt dieselbe und zerfällt in immer feinere Gefässreiser.

Einzelne zarte Endramificationen gelangen zwischen die beiden Blätter der angrenzenden Flossenstrahlen und anastomosiren mit kleinen Aestchen der die übrigen Flossenstrahlen versorgenden *Subclavia*. Die äusserste der drei Schlagadern senkt sich als *Arteria muscularis* in das Fleisch der seitlichen langen Rumpfmuskeln.

Die Verästhungssphäre der Arterie des Schultergürtels entspricht derjenigen einer *Arteria axillaris*.

## 2. Die Arteria subclavia

ist weit wichtiger als das Gefäss des Schultergürtels. Sie sendet ihre Aeste zu den Weichtheilen des Rumpfes, der Brustflosse, dem Pericardium und Herzen, ja versorgt selbst den oberen Abschnitt des Oesophagus, sowie die Cardia des Magens mit ihren Zweigen. Tafel IV.

Sie entspringt aus der Seitenwand der Aorta — die rechte häufig etwas mehr nach rückwärts als die linke — ist an ihrem Austritt 1 Millim. breit, und besitzt genau dieselben Grenzen, wie sie von der Schlagader des Schultergürtels angegeben wurden. Auch sie tritt im rechten Winkel aus dem Aortenrohr, senkt sich hart an der inneren Oberfläche des die Concavität des Schultergürtels auskleidenden Muskellagers abwärts, durchbohrt die oberflächlichen Muskelschichten und erreicht den inneren Rand des untersten Knorpels des Schultergürtels. Während dieses Verlaufes erzeugt sie:

Einen kleinen *Ramus spinalis*, der, parallel den übrigen aus den Intercostalarterien tretenden Spinalästen, sich in die der Wirbelsäule angrenzende Muskelmasse senkt, längs des nächstliegenden Spinalnerven zum Rückenmarke läuft und dort zur Bildung des zarten arteriellen Gefässnetzes beitragen lässt.

Einen kleinen Ast in's Parenchym der Niere.

Kleine Zweige, die mit Aestchen der Arterie des Schultergürtels und den Ramificationen der auf die Subclavia folgenden Intercostalarterien anastomosiren.

Zahlreiche *Rami musculares* an die Musculatur der Seitenwand des Rumpfes.

Die beiden grössten Zweige dieses Abschnitts der Subclavia entspringen circa 2 ·25 Centim. von ihrem Ursprunge entfernt aus der unteren Gefässwand. Es sind dies die *Arteria epigastrica* und *Arteria mammaria interna*.

Die erstere der beiden, die *Arteria epigastrica*, läuft, vom Peritoneum bedeckt, an der Innenfläche der lateralen Rumpfmusculatur nach hinten, erzeugt zahlreiche Seitenäste in das Fleisch der Muskeln, anastomosirt mit Ausläufern der *Arteriae intercostales* und verliert sich in der ventralen Muskelmasse bis weit über die zwischen oberer und unterer Rumpfhälfte gedachte Grenzlinie hinaus. Die entsprechenden Seitenäste der linken und rechten *Arteria epigastrica* gehen keine Anastomose mit einander ein.

Complicirter ist der Verlauf der *Arteria mammaria*. Sie tritt aus dem vorderen unteren Rande des Stammes der Subclavia in einem nach oben stumpfen Winkel, und theilt sich wenige Linien von ihrem Ursprunge in zwei Z w e i g e von ziemlich gleicher Stärke.

Der erste, äussere derselben, läuft an der inneren Wand der Herznische, zwischen Muskelwand und äusserer Oberfläche des Herzbeutels, nach vorn, sendet feine *Rami pericardiaci* an das Pericardium, *Rami musculares* an die Muskeln, und anastomosirt hier mit zarten Ausläufern der als dorsale unmittelbare Fortsetzung der vierten Kiemenvene betrachteten Schlagader [1].

Der zweite Zweig, der eigentliche Stamm der Mammaria, tritt an die hintere Wand der Herznische zwischen die beiden Blätter des Pericardium, convergirt hier mit der entsprechenden Schlagader der anderen Seite, und erzeugt ein bis zwei, die seröse Platte des Herzbeutels durchbohrende *Arteriae coronariae*, die frei durch die Höhle des Pericardium zur Oberfläche des Herzens treten. Da die Besprechung der Ernährungsgefässe des Herzens am Schlusse der Beschreibung der Subclavia folgen soll, gehe ich einstweilen über den näheren Verlauf der Kranzarterien weg und betrachte das weitere Verhalten der *Arteria mammaria*.

Die Stämme der Mammaria beider Seiten nähern sich in der Mittellinie der hinteren Wand des Herzbeutels bis auf die Entfernung von 1—1·5 Millim. Dann biegen sie im rechten Winkel vom Pericardium ab und verlaufen an der oberen Wand des die Verbindung zwischen Herzbeutel und Peritonealhöhle vermittelnden Kanals nach hinten. Die der linken Seite angehörende Schlagader ist schwächer.

Beide Mammariae treten später zu einem gemeinschaftlichen Gefässstamme zusammen und spalten sich dann innerhalb der von der oberen Fläche des Kanales zum *Sinus venosus cordis* ziehenden Falte in zahlreiche kleine Zweige.

Ein bis zwei derselben treten an den *Sinus venosus* selbst, versorgen ihn und setzen sich bis auf den Vorhof fort. Zahlreiche andere senken sich nach jeder Seite in das Parenchym der dicht angrenzenden Leber. Ein feiner Gefässfaden zieht sich längs des Kanales zur oberen Fläche des Magens; kleinere Aestchen senken sich in die Kanalwandungen selbst; andere grössere Zweige verlaufen im peritonealen Ueberzuge der convexen Leberoberfläche zum Oesophagus, um hier als *Rami oesophagei superiores* sich zu verästeln und mit den Endramificationen der *Rami oesophagei medii* der *Arteria coeliaco-mesenterica* zu anastomosiren. In einem anderen Individuum sah ich die *Arteria mammaria* der linken Seite in den Wandungen des Kanales untergehen, und die Aestchen zur Leber, zum Oesophagus und Magen sämmtlich der rechtsseitigen Mammararterie entspringen. Ueber die wechselnde Anzahl der Coronararterien werde ich ebenfalls am Schlusse sprechen.

Ausser diesen wichtigsten Aesten erzeugt der erwähnte Abschnitt der S u b c l a v i a:

Einen oder mehrere Zweige an die seitliche und untere Fläche des *Musculus sternohyoideus*. Sie versorgen das Fleisch des Muskels, laufen an seiner Unterfläche nach vorne und anastomosiren mit den Ausläufern der als ventrale Verlängerung der dritten Kiemenspalte beschriebenen Arterie [2]; kleine Zweige senken sich in die mächtigen Brustschildplatten, welche die Ventralmasse des Schultergürtels bilden.

Nach Abgabe aller dieser Aeste schlägt sich der Stamm der Subclavia um die untere Wand des Clavicularknorpels, senkt sich in die Musculatur der Brustflosse, erzeugt zahlreiche

Aestchen in dieselbe und betritt schliesslich mit zwei bis drei Zweigen die Brustflosse selbst, um sich zwischen den beiden Platten der Flossenstrahlen bis gegen ihren äussersten Rand hin zu verästeln. Einzelne dieser Zweige anastomosiren, wie früher erwähnt wurde, mit den Endästchen einer der Schultergürtelschlagader entspringenden Arterie.

## Ueber die Ernährungsgefässe des Herzens.

Als solche erwähnte ich bereits in früheren Abschnitten dieser Abhandlung:

eine der dorsalen Fortsetzung der **vierten Kiemenvene** entspringende Schlagader [*)], die zum *Sinus venosus*, ja selbst zur angrenzenden Portion des Vorhofes tritt, sowie

eine inconstante zweite Arterie [²)], die aus der ventralen Commissur der dritten Kiemenspalte ihren Ursprung nimmt und längs der *Arteria branchialis* zum *Bulbus arteriosus* zieht.

Weit wichtiger sind die **Kranzarterien** der Mammaria, sowie die kleinen Zweige, die aus dem Endtheile dieser Schlagader zum venösen Sinus treten.

Was die *Arteria coronaria* als Haupternährungsgefässe des Herzens betrifft, so ist jederseits wenigstens eine dieser Schlagadern constant vorhanden; zuweilen finden sich selbst zwei bis drei, doch ist eine solche Vermehrung selten. In mehreren der untersuchten Individuen, traf ich zwischen der rechten und linken grossen Kranzarterie eine dritte unpaare mittlere, die aus dem Stamme der rechten Seite ihren Ursprung nahm.

Die *Arteria coronaria dextra* betritt die Oberfläche der Herzkammer an der dem *Bulbus arteriosus* angrenzenden Portion. Hier giebt sie einen grösseren *Ramus ad bulbum arteriosum* ab. Derselbe zieht an der dorsalen Oberfläche vorwärts, sendet ein oder mehrere Aestchen an die in seinem Inneren befindlichen Klappenreihen, und anastomosirt an der Seitenwand und der Dorsalfläche des Bulbus mit zarten Ausläufern der aus der ventralen Commissur der dritten Kiemenspalte entspringenden Arterie. Die Hauptzweige der rechten Kranzarterie laufen an der oberen und unteren Fläche der Herzkammer rückwärts bis zur Spitze, umfassen somit den Ventrikel in seiner Längsrichtung. Kleine Aestchen treten während ihres Verlaufes in das Innere des Herzfleisches; an der Spitze finden spärliche Anastomosen zwischen den Ramificationen des oberen und unteren Astes statt. Ein kleiner Zweig der *Arteria coronaria dextra* versorgt die Klappenreihe im Anfangstheil des Bulbus.

Die *Arteria coronaria sinistra* gelangt zum Herzventrikel an seinem vorderen oberen Rande, dicht hinter der dorsalen Vorhofwand, in gleicher transversaler Ebene mit der rechten Kranzarterie. Sie erzeugt gleich Anfangs einen kleinen Ast zur Vorkammer, der sich kurz nach seinem Ursprunge in der Tiefe der Vorhofwand verliert, und eine zweite kleine Schlagader an die zwischen Kammer und Vorkammer liegenden Klappen sendet. Ihre Hauptäste verhalten sich wie die der rechten Kranzarterie: sie umfassen die linke Hälfte der Herzkammer in ihrer Längsrichtung und laufen an der oberen, unteren und seitlichen Ventrikelfläche bis gegen die Spitze des Herzens hin. Dort anastomosiren sie gegenseitig und mit den Endramificationen der *Arteria coronaria dextra*.

Besteht eine dritte unpaare mittlere Coronararterie, so verzweigt sie sich an der vorderen oberen Ventrikelfläche und dem Anfangstheile des *Bulbus arteriosus*.

Der Vorhof und der Venensinus besitzen eine geringere ernährende Blutzufuhr als der Ventrikel und der Bulbus. Die kleinen Aestchen der Coronararterien, die zum Vorhof treten, sind nur sehr unbedeutend; inconstant ist jene der dorsalen Fortsetzung der **vierten Kiemenvene** entspringende Arterie zur vorderen Portion des Vorhofes. Die wesentlichste Blutzufuhr geschieht

---

[*)] Siehe Pag. 8 d. Abh.
[²)] Ibid.

durch Aeste der ernährenden Gefässe des Venensinus, die ihrerseits aus der vereinigten Mammar-arterie treten. Diese kleinen Schlagadern folgen der Verschmelzung der vereinigten Körpervenen zum *Sinus venosus* und gelangen an seiner Oberfläche hin zum Vorhof.

Die *Arteria mammaria*, als Hauptast der Subclavia, ist somit bei der Ernährung des Herzens am wesentlichsten betheiligt.

Hinsichtlich des Verhältnisses der Kranzschlagadern zu den die Oberfläche der Herzkammer und des Bulbus bedeckenden bläschenförmigen Bildungen, verweise ich auf die hierher gehörenden Mittheilungen von Stannius[1]). Die ernährenden Herzgefässe verlaufen zwischen den zahlreichen kleinen Blasen, und senden Zweige in das Innere derselben. Dort sah ich sie sich spärlich ver-ästeln und endlich im röthlichen breiigen Inhalte des Bläschens untergehen. Nach den Unter-suchungen von Stannius[2]), sollen sich die kleinen Arterienzweige im Gewebe eines Bläschens ver-theilen, und von dessen Basis neue Gefässchen zum Herzfleische entstehen.

### 3. Arteriae intercostales.

Tafel IV       Sie treten aus den Seitenwänden der Aorta, entspringen paarig aber nicht symmetrisch, und entsprechen in ihrem Verlaufe den *Ligamentis intermuscularibus*. Ihre Zahl stimmt nicht mit derjenigen der Wirbelknorpel oder der sehnigen Zwischenmuskelbänder überein. Bald findet sich zwischen je zwei dieser Schlagadern einer Seite ein freier Zwischenraum von 1 — 1·5 Centim., bald folgen sich die Arterien in einer Entfernung von wenigen Millimetern. Auch das Lumen der correspon-direnden Gefässe beider Seiten ist von sehr verschiedener Mächtigkeit; doch findet durch den Wechsel selbst wieder die nothwendige Ausgleichung in der Blutzufuhr statt.

Die Ursprungsstelle einer Intercostalarterie entspricht in der Regel der Verbindung zweier Wirbelknorpel. Dicht an der Seitenwand der Wirbelsäule steigt die Arterie in ziemlich verticaler Richtung aufwärts, und theilt sich nach einem Verlaufe von wenigen Linien in z w e i grössere Zweige, die ich ihrer Richtung nach als *Ramus superior* und *Ramus inferior arteriae intercostalis* beschreiben werde. Ein mittlerer Ast tritt aus der Theilungsstelle des Gefässes, und kann als Fortsetzung des Stammes selbst betrachtet werden.

Noch vor der Spaltung in die genannten Aeste erzeugen die *Arteriae intercostales* äusserst feine Gefässe an das Bauchfell, die Harnblase und weiter unten an die Wandungen des peritonea-len Trichters. Entweder aus dem Stamme selbst, oder zuweilen aus dem Anfangstheile des *Ramus superior*, zweigt sich ein Spinalast für das Rückenmark ab.

Diese kleine Spinalarterie bahnt sich entweder ihren Weg in der Verbindungsstelle zweier Wirbelknorpel oder durchbohrt die Knorpelwand der Wirbelsäule und vereinigt sich mit den nächst oberen und unteren Spinalarterien zu einem feinen spärlichen Gefässnetz, das die untere Fläche des Rückenmarkes bedeckt. Kleine Zweige ramificiren sich an der seitlichen und oberen Fläche. Die Ausläufer der vordersten Spinalarterien anastomosiren mit den Aesten des *Ramus posterior* der *Carotis interna*, und den aus der Schlagader des Schultergürtels und der dorsalen Verlänge-rung der vierten Kiemenvene zum Rückenmarke tretenden Gefässen.

Der *Ramus superior* einer Intercostalarterie folgt in verticaler Richtung der Seitenwand der Wirbelsäule, schickt kleine Aestchen in die seitlichen langen Rumpfmuskeln, schlägt sich an der Aussenfläche der oberen Wirbelbogen aufwärts, anastomosirt am oberen Rande der Bogenschenkel mit entsprechenden Zweigen der anderen Seite, und verliert sich bis in die Begrenzungshaut des Rückens. Kleine Arterienreiser folgen an der Aussenwand der knorpeligen Wirbelbogen der

[1]) Stannius, Zootomie der Fische, pag. 237 u. ff.
[2]) Ibid.

Längsrichtung des Rumpfes und anastomosiren mit entgegenkommenden Gefässen der *Rami superiores* der nächst oberen und unteren Intercostalarterie.

Der *Ramus inferior* zieht in transversaler Richtung, dem Laufe der Muskelbänder parallel, nach aussen, verzweigt sich im Fleische der seitlichen Rumpfmusculatur, und verbindet sich im Bereiche der Mittellinie des Bauches mit Endästchen des entsprechenden *Ramus inferior* der anderen Seite. Aus dem Anfangstheile des *Ramus inferior* zweigen sich kleine Arterien an das Bauchfell und den Bauchfelltrichter ab. Die unteren Aeste der oberen Intercostalarterien anastomosiren mit Ausläufern der *Arteria epigastrica*. Der *Ramus inferior* der 21. Intercostalarterie, deren Ursprung in ziemlich gleicher transversaler Ebene mit dem Anus liegt, sendet einen feinen Zweig zum untersten Ende des Afterdarmes. Auch aus dem unteren Aste der 22. *Arteria intercostalis* sah ich einen feinen arteriellen Zweig zur Umgebung des *Porus analis* treten. Die *Rami inferiores* der 22. und 23. Intercostalarterie versorgen jene die *Pari urogenitales* umgebenden Weichtheile.

Die Verästlungssphäre des mittleren Astes liegt zwischen der des *Ramus superior* und *inferior*. Seine Ramificationen versorgen den grössten Theil der Seitenmuskeln.

Erwähnenswerth ist das Verhalten der die Ernährung der Bauch- und Afterflosse übernehmenden Intercostalarterien. Die betreffenden Gefässe zeichnen sich durch grössere Stärke ihrer Lumina aus; ihre mächtigen unteren Aeste durchbohren die Musculatur des Rumpfes, senken sich in die Knorpelmasse des Flossenträgers ein und zerfallen hier in zahlreiche Zweige, die sich zwischen den häutigen Platten der Flossenstrahlen bis gegen ihre äussersten Spitzen hin verlieren. Ich sah die 18. bis 20. Intercostalarterie der Ernährung der Bauchflossen, die beiderseitigen *Rami inferiores* der 24. *Arteria intercostalis* der Ernährung der unpaaren Afterflosse vorstehen. Die Rückenflosse wird auf gleiche Weise von Ausläufern der entsprechenden *Rami superiores* versorgt.

Gegen das Rumpfende hin rücken sich die Intercostalarterien näher, werden schwächer, verästeln sich spärlicher. Die kurzen *Rami superiores* der letzten *Arteriae intercostales* verlieren sich in den kurzen oberen, die längeren *Rami inferiores* in den längeren unteren Strahlen der Schwanzflosse.

Als paarige Aortenäste sind:

4. die *Arteriae renales* zu erwähnen, die sich unmittelbar nach ihrem Ursprunge in das Parenchym der Drüse senken. Ihre Zahl ist wechselnd und schwankt zwischen drei bis fünf auf jeder Seite. Die stärkeren dieser Stämmchen treten in den hinteren Abschnitt des Organs.

Die Aeste der Nierenschlagadern tragen wirkliche Malpighi'sche Glomeruli. Es lässt sich diese Thatsache an einem für die Untersuchung der gröberen Gefässverhältnisse injicirten Präparate mit Sicherheit erkennen. Würden nämlich jene Bildungen nur in der einfachen, ungetheilten Aufknäuelung einer Arterie bestehen, so müsste bei unvollständiger Injection die eingespritzte Masse nur in einer einzigen der den Knäuel bildenden Gefässschlingen stockend gesehen werden. Ist dagegen das fragliche Organ aus der Verknäuelung eines Gefässes hervorgegangen, das sich gleich anfangs in 5, 6 oder mehr Aeste theilt, die sich ihrerseits von Neuem ramificiren und durch Uebereinanderlagerung verschlingen, dann wird die Masse in mehreren Abschnitten des Glomerulus in Stockung zu erblicken sein.

In vorliegendem unvollständig injicirten Präparate der Sterletniere lassen sich, bei einer Vergrösserung von 40—60, zahlreiche Gefässschlingen nur in einem halbgefüllten Zustande erkennen; an den Seitenwänden des Knäuels sah ich ferner ein oder zwei, in einem Falle selbst drei abgerissene Gefässenden. Beide Umstände sprechen für die Existenz eines wirklichen Malpighi'schen Glomerulus mit bipolarer Wundernetzstructur, da auch in letzterem Falle die Masse

4

in mehrere Aeste der sich aufknäuelnden Arterie eingedrungen sein muss, um gleichzeitig die Zerreissung mehrerer derselben zu bewirken.

In der Sterletniere sitzen die Glomeruli den Wandungen der Gefässe mit äusserst kurzem Stiele auf; ihre grösste Zahl findet sich nicht an den feinsten Ramificationen der *Arteriae renales*, sondern in der Nähe ihrer Stämme, an den Gefässen dritter oder vierter Ordnung. Ihre Anzahl ist im Ganzen nicht beträchtlich.

5. Ein letzter paarer Ast stammt endlich aus dem hinteren Abschnitte der Bauchaorta; er durchbohrt das Parenchym der Niere in schräger Richtung und gelangt zum hinteren Theile der Geschlechtsdrüse. Dort, am oberen Rande des Ovarium oder Hoden, zieht er nach vorne, erzeugt zahlreiche Aeste in das Parenchym der Drüse und anastomosirt mit Zweigen eines aus der *Arteria coeliaco-mesenterica* zu ihrer vorderen Portion gelangenden Gefässes.

In einem Weibchen fand ich zur Zeit der Trächtigkeit die Anzahl der durch das Nierenparenchym zum Eierstock gelangenden paarigen Aortenäste bis auf drei vermehrt. Auch das Lumen dieser Gefässe erschien bedeutender; die Seitenzweige und ihre Ramificationen in der Drüse waren zahlreicher.

§. 7.

## Die unpaaren Aeste der Aorta.

Drei Schlagadern sind hier in erster Linie zu erwähnen: die *Arteria coeliaco-mesenterica*, die *Arteria mesenterica posterior*, und die *Arteria recto-analis*. Die übrigen unpaaren Zweige der Aorta sind unbedeutender und sollen am Schlusse dieses Abschnittes zur Betrachtung kommen.

### 1. Arteria Coeliaco-mesaraica.

Sie vereinigt die Bedeutung einer *Coeliaca* und *Mesaraica anterior*, und ist die mächtigste der aus der Aorta stammenden Arterien. Ihr Ursprung liegt 2 Centim. hinter dem Abgange der Subclavia. Sie tritt aus der unteren Aortenwand, zieht frei durch die Bauchhöhle zur Leber und bettet sich mit ihrem Stamme in die Dorsalfläche des rechten Lappens ein. Dort läuft sie in ziemlich gerader Richtung nach hinten und spaltet sich in der Gegend des hinteren Lebereinschnittes, am inneren oberen Rande des rechten Lappens, in zwei Schlagadern: die *Arteria hepatico-duodenalis* und die *Arteria hepatico-gastrica*.

Der ungetheilte Stamm der *Coeliaco-mesaraica* erzeugt:

Ganz in der Nähe seines Ursprunges eine kleine Schlagader zum Kopfende der Geschlechtsdrüse; ihre Aeste durchziehen die einzelnen Abtheilungen des Organs und bilden mit den Ramificationen jener aus der Aorta stammenden Arterie ein weitmaschiges Gefässnetz. Der Hauptast dieser, aus der *Coeliaco-mesaraica* entspringenden Arterie verläuft an der oberen Kante des Ovarium oder Hoden, und sendet einzelne feine Aeste an die Peritonealduplicatur der Drüse, zum Anfangstheile des Bauchfelltrichters und dem dicht angrenzenden Harnleiter.

Einen inconstanten Ast zur vorderen Portion der Schwimmblase. Seine Ramificationen verlieren sich strahlenförmig in ihren Wandungen.

Zwei bis drei *Rami oesophagei medii* an die Dorsalfläche des Oesophagus. Sie verlaufen in der dorsalen Leberoberfläche, anastomosiren gegenseitig durch kleine Seitenäste, und senken sich gemeinschaftlich in die quergestreifte Muskelwand der Speiseröhre. Hier bilden sie ein reichliches Gefässnetz, dessen Ausläufer mit den letzten Ramificationen der *Arteriae oesophageae superiores* *Arteriae mammaricae*, und nach hinten mit den aus der *Arteria hepatico-gastrica* stammenden *Rami oesophagei inferiores* anastomosiren. Zweige der mittleren Speiseröhrenäste schlagen sich auf die nächstliegenden Bauchfellfalten über.

Zahlreich sind die kleinen Schlagadern, die aus der ventralen Wand der *Coeliaco-mesenterica* in das dicht unter ihr gelegene Parenchym der Leber treten.

Von den beiden Schlagadern, in welche sich der Stamm der *Coeliaco-mesenterica* spaltet, ist die *Arteria hepatico-duodenalis* die grössere. Ihre Aeste versorgen ausser einem Theile des rechten Leberlappens den untersten Abschnitt des Magens und dem Duodenum, noch die Milz und die oberste Portion des Klappendarmes.

Der *Arteria hepatico-gastrica* liegt die Ernährung des linken Leberlappens, eines kleinen Abschnittes des Duodenum, des grössten Theiles des Magens und der *Appendices pyloricae*, sowie endlich der untersten Portion der Speiseröhre ob.

Die *Arteria hepatico-duodenalis* begleitet anfangs den inneren dorsalen Rand des rechten Leberlappens und hängt hier mit dem Parenchym der Drüse durch zahlreiche *Rami hepatici* aufs innigste zusammen. Viele dieser Aeste treten durch das Leberparenchym hindurch zum kolbigen sogenannten Muskelmagen, verzweigen sich in seinen mächtigen Wandungen, schicken Ausläufer an die Dorsalfläche der *Appendices pyloricae* und den oberen Theil des Duodenum, und anastomosiren mit Endästen des *Ramus duodenalis* der *Arteria hepatico-duodenalis* und den Ramificationen der den aufsteigenden oder mittleren Abschnitt des Magens versorgenden *Arteria gastricae* der *Arteria hepatico-gastrica*.

Wenige Linien von ihrem Ursprunge entfernt erzeugt die *Hepatico-duodenalis* die *Arteria gastro-cystica*.

Diese Schlagader durchbohrt das Parenchym des rechten Leberlappens in schiefer Richtung und theilt sich an der unteren Leberfläche in einen *Ramus cysticus* für einen Theil der Leber und die Gallenblase, und mehrere *Rami gastrici* für den länglich runden Muskelmagen und die Ventralfläche der *Appendices pyloricae*.

Der *Ramus cysticus* läuft auf dem Gallenblasengang zur Gallenblase, bildet in ihren Wandungen ein äusserst reichliches Gefässnetz, und sendet selbst zahlreiche Aeste an die mit ihrer oberen Wand verschmolzene ventrale Leberfläche.

Von den *Rami gastrici* der *Arteria gastro-cystica* schlägt sich ein grösserer Ast vom sogenannten Muskelmagen auf die in's Duodenum mündende Portion der *Appendices pyloricae*. Hier theilt er sich in feine Schlagadern, die sich zum Theil im Inneren der Wandungen der Fortsätze verästeln, zum Theil an ihrer äusseren Oberfläche, den kleinen Erhabenheiten entsprechend, ein reichliches Gefässnetz bilden.

Ein zweiter *Ramus gastricus* setzt sich auf den Anfangstheil des Duodenum fort und verliert sich mit seinen letzten Ramificationen in der Darmwandung.

Andere Ausläufer dieser Magenäste anastomosiren mit den Aesten der *Arteriae gastricae* der *Hepatico-gastrica* und durch mehrere feine Aestchen mit jenen, von den vereinigten Mammariae zum Muskelmagen tretenden *Ramus gastricus*.

Verfolgen wir den Stamm der *Arteria hepatico-duodenalis*, so sehen wir ihn während der Abgabe der genannten Aeste — der *Rami hepatici*, der *Arteria gastro-cystica* — am inneren Rande des rechten Leberlappens bis gegen dessen hinteren schmalen Abschnitt laufen. Von dort an senkt er sich frei in die Bauchhöhle, zieht gegen das Duodenum hin und erzeugt innerhalb der Schlinge des Zwölffingerdarmes eine *Arteria splenico-duodenalis* und einen *Ramus intestinalis*.

4 *

Die *Arteria splenico-duodenalis* ist die mächtigere der beiden Schlagadern. Sie zieht zum vorderen Rande der in der Duodenalschlinge liegenden Hauptmilz und spaltet sich hier in einen *Ramus splenicus* und einen *Ramus duodenalis*.

Der erstere zerfällt in zahlreiche untergeordnete Aeste, die in das Parenchym der Milz treten, sich dort vielfach ramificiren und schliesslich in ein Capillarnetz auflösen. Kleine Schlagadern gelangen aus den grösseren Randgefässen der Hauptmilz zu den dicht anliegenden Nebenmilzen. Die Milzschlagader selbst sendet überdies selbstständige *Arteriae splenicae* an die zahlreichen Nebenmilzen; kleine *Rami intestinales* treten aus ihrer äusseren Wand zum unteren Theile des Duodenum.

Der *Ramus duodenalis* verläuft eine kurze Strecke am inneren Rande der gelappten Hauptmilz, sendet ebenfalls kleine Aeste in das Parenchym derselben, überbrückt hierauf den freien Raum zwischen den beiden Armen der Duodenalschlinge und gelangt so vom unteren Abschnitt des Zwölffingerdarmes zu seiner oberen Portion. Er theilt sich am rechtseitigen Rande des Darmes in mehrere auf- und abwärts steigende Zweige, die hier entsprechend nach vorn und rückwärts laufen, den Darm durch Seitenäste theilweise umgreifen und in seiner Wandung ein oberflächliches reiches Gefässnetz bilden. Die Endäste dieser Schlagadern verbinden sich nach vorn mit den Ausläufern des aus der *Arteria gastro-cystica* zum Anfangstheil des Duodenum ziehenden *Ramus gastricus*, nach hinten mit jenen Zweigen des Endastes der *Arteria hepatica-duodenalis*, die zum unteren Abschnitt des Zwölffingerdarmes und der oberen Portion des Klappendarmes gelangen.

Nach Abgabe der Milz- und Duodenalschlagader betritt der nur noch unbedeutende Stamm der *Arteria hepatico-duodenalis* die zwischen dem absteigenden Abschnitte des Magens, der unteren Fläche der Schwimmblase und dem Mesenterialrand des Klappendarmes ausgespannte Bauchfellfalte, erzeugt kleine Zweige an das Peritoneum selbst, einen grösseren Ast zur unteren Wand der Schwimmblase, kleine Aestchen an das untere Ende des Duodenum, an die Klappe zwischen Zwölffinger- und Klappendarm und läuft endlich selbst als Darmschlagader im Mesenterium des letzteren nach hinten.

Die kleinen *Rami peritoneales* verbreiten sich bis gegen den Mesenterialrand der oberen Abtheilung des Magens und verbinden sich hier mit kleinen arteriellen Faden der später zu beschreibenden *Arteria hepatico-gastrica*.

Die zur Schwimmblase tretende Schlagader ist das Hauptgefäss für die Ernährung dieses Organs. Die Art der Verästlung weicht von der früher für die Arterien der Schwimmblase beschriebenen nicht ab.

In der Gekrösfalte des Klappendarmes läuft der Endast der *Hepatico-duodenalis* nach hinten und sendet in der Entfernung von wenigen Millim. paarige Seitenäste an die Darmwandungen. Diese Gefässstämmchen verästeln sich bannförmig an deren Oberfläche, umklammern den Darm nach beiden Seiten und anastomosiren gegenseitig an seinem freien unteren Rande. 2—3 Centim. vom Anfange des Klappendarmes entfernt, anastomosirt der Endast der *Hepatico-duodenalis* mit der ihm entgegenziehenden *Arteria mesenterica posterior*.

Die *Arteria hepatico-gastrica*, der andere Hauptast des *Coeliaco-mesaraica*, läuft, anfangs im Parenchym der Leber eingelagert, am inneren ventralen Rande des linken Leberlappens nach hinten. Dicht an ihrem Ursprunge entsendet sie zahlreiche *Rami hepatici* in das Innere der Leber und 8 bis 9 sehr kurze *Arteriae breves ventriculi* an die *Portio pylorica ventriculi* und den der ventralen Leberfläche anliegenden, in das Duodenum mündenden Muskelmagen.

Ein stärkerer *Ramus hepaticus sinister* zweigt sich vom Stamme der *Hepatico-gastrica* zum linken Leberlappen ab. Theilweise vom Parenchym der Drüse zugedeckt, verläuft er an der ventralen Lappenfläche, erzeugt unbedeutende Arterienfäden an den mittleren Theil des Magens und spaltet sich hierauf successive in zahllose *Rami hepatici sinistri*, die sich im Parenchym des Lappens baumförmig verästeln; ein grösserer Ast gelangt nach vorn zur ungetheilten Hauptportion der Drüse.

Entsprechend dieser linken Leberschlagader, entsteht dicht neben ihr ein schwächerer *Ramus hepaticus dexter* für den rechten Leberlappen und einen Theil der vorderen Drüsenmasse.

Hierauf verläuft der Stamm der *Hepatico-gastrica* in jener Einkerbung, welche die Dorsalwand des Duodenum von der dorsalen Fläche der *Appendices pyloricae* scheidet. Dort entspringen seiner ventralen Gefässwand kleine Aestchen, die zur Rückenfläche des Duodenum und der *Appendices pyloricae* gelangen und mit Ausläufern des den ventralen Theil versorgenden *Ramus gastricus* der *Gastro-gastrica* anastomosiren.

An der hinteren Kante jener Einkerbung erzeugt die Lebermagenschlagader einen starken *Ramus intestinalis* zu dem noch unversorgten Rande der oberen Portion des Duodenum, und spaltet sich endlich in 7 bis 8 mächtige *Arteriae gastricae*, die strahlenförmig zur hinteren oberen Wand des Pförtnerrohres und zum dickwandigen musculösen dritten Magenabschnitte treten. Ihre Ramificationen bilden in der Darmwandung ein reiches weitmaschiges Gefässnetz; die oberen Stämmchen anastomosiren mit den *Ramis gastricis* des *Ramus hepaticus sinister*, und erzeugen kleine Schlagadern, die sich auf den in den absteigenden Theil des Magens mündenden *Ductus pneumaticus*, ja selbst auf den angrenzenden Abschnitt der Schwimmblase fortsetzen. Andere ihrer Ausläufer erzeugen spärliche *Rami oesophagei inferiores*, die zur untersten Portion der Speiseröhre laufen und sich mit den der *Arteria coeliaco-mesenterica* entstammenden *Arteriae oesophageae mediae* verbinden. Die unteren Endästchen der *Arteriae gastricae* anastomosiren mit den *Arteriae breves ventriculi* der *Hepatico-gastrica*, und den durch das Leberparenchym hindurch zum Magen tretenden *Ramis gastricis* der *Hepatico-duodenalis*.

Von den drei Abschnitten des Magens wird der erste, absteigende Theil am spärlichsten, der letzte, in das Duodenum mündende dagegen am reichlichsten mit arteriellem Blute versorgt.

Es leuchtet ein, dass die vielfach wechselnde Gestalt der Leberlappen, die unbestimmte Zahl der Nebenmilzen, und die mannigfach sich ändernden Beziehungen dieser Drüsen zu den übrigen Eingeweiden nicht ohne Einfluss auf den Ursprung und die Lagerung der jetzt betrachteten Gefässstämme bleiben kann.

Eine wesentliche Verschiedenheit im Abgange der einzelnen Gefässe entsteht vor Allem dadurch, dass der Stamm der *Coeliaco-mesenterica* öfters nicht oberflächlich an der dorsalen Leberfläche hinzieht, sondern gleich Anfangs in's Parenchym der Leber taucht, und innerhalb desselben oder jenseits, an der ventralen Fläche des Organs, die genannten Aeste abgiebt.

## 2. Die Arteria mesenterica posterior,

der zweite unpaare Hauptast der Aorta, entspringt 9 Centim. hinter dem Abgange der *Coeliaco-mesenterica*, 6 Centim. vor dem Anus. Sie tritt aus der unteren Gefässwand, etwas nach der rechten Seite hin, durchsetzt das Parenchym des hinteren rechten Nierenabschnittes, und gelangt zum oberen Rande der zur Befestigung des Klappendarmes ausgespannten Mesenteriumfalte. Die *Mesenterica posterior* bleibt während ihres Durchtrittes durch die Niere astlos. Erst zwischen den Platten des Gekröses erzeugt sie *Rami peritoneales* an das Bauchfell und einen starken Ast zur unteren hinteren Portion der Schwimmblase.

Am oberen mesenterialen Rande des Klappendarmes theilt sie sich, noch innerhalb der Platten des Gekröses, in zwei gleich mächtige Arterien, von denen die eine am Darmrande vorwärts, die andere rückwärts läuft. Aus der unteren Gefässwand dieser Schlagadern entspringen in der Entfernung von 1—1.5 Centim. paarige, symmetrisch stehende Zweige, die an der äusseren Darmrohrwand auf beiden Seiten abwärts ziehen, durch reiche baumförmige Verästlung ein dichtes Capillarnetz an ihrer Oberfläche bilden, und an dem unteren Darmrande gegenseitig und mit den nächst oberen und unteren Stämmchen anastomosiren.

Die Endästchen des vorderen Zweiges der *Mesenterica posterior* erstrecken sich bis zum unteren Ende des Zwölffingerdarmes. — Schon früher findet am Gekrösrande des Klappendarmes die Anastomose zwischen dem Endast der *Hepatica-duodenalis* und der *Mesenterica posterior* statt.

Die Ausläufer des unteren Astes der hinteren Darmschlagader gelangen bis zum Afterdarme und verbinden sich mit Zweigen der *Arteria recto-analis*.

In mehreren Individuen sah ich jederseits aus dem Stamme der *Mesenterica posterior* eine ansehnliche Arterie durch das Nierenparenchym hindurch zum hinteren Abschnitte des Geschlechtsorganes treten.

### 3. Die Arteria recto-analis,

der letzte der drei grösseren unpaaren Gefässstämme, nimmt ihren Ursprung aus der unteren rechtsseitigen Aortenwand, 1 Centim. vor dem hinteren Darmende. Gleich dem Verlaufe der *Mesenterica posterior* durchbohrt sie ebenfalls das Parenchym der Niere, zieht sich zwischen den Gekrösplatten zum mesenterialen Rande des Afterdarmes und verzweigt sich hier in gleicher Weise, wie dies von den Aesten der hinteren Darmschlagader beschrieben wurde.

Der Endast der *Arteria recto-analis* läuft bis zum Rande der Afteröffnung und schickt feine Gefässe an die den *Porus analis* umgebenden Weichtheile.

––––––––––––

Mehr minder zahlreich sind die kleinen unpaarigen Aortenzweige zur Dorsalfläche der Speiseröhre, zur oberen Wand der Schwimmblase, zum peritonealen Ueberzuge der Nieren, dem Bauchfelltrichter und der Harnblase.

Der Ursprung dieser Stämmchen ist wechselnd; ihre anastomotischen Verbindungen ergeben sich aus dem bereits geschilderten Verlaufe der übrigen zu diesen Theilen tretenden Gefässe.

– – – – – –

Werfen wir schliesslich einen Rückblick auf das gesammte Arteriensystem des Sterlet, so lassen sich die Ergebnisse der anatomischen Untersuchung in Folgendem zusammenfassen:

Das wichtigste Gefäss für die Ernährung des Kopfes, die *Carotis communis*, entsteht als dorsale Verlängerung der mit dem arteriellen Blute der Kiemendeckelkieme gemischten ersten Kiemenvene; *Carotis interna* und *externa* entspringen als von einander unabhängige Schlagadern aus dem gemeinschaftlichen Carotidenstamme; die *Carotis interna* sorgt ausschliesslich für die Ernährung des Gehirnes und der Sinnesorgane, mit Ausnahme der von der *Arteria ethmoidalis inferior (Carotis externa)* gespeisten unteren Nasenglockenwand; die *Carotis externa* versieht die Knorpelmasse und die Weichtheile des Kopfes, sowie einen Theil des Kieferapparates; beide Carotiden (*interna* und *externa*) anastomosiren innerhalb der Schädelhöhle durch die aus der *Carotis externa* stammenden *Rami perforantes*. Diese Gefässverbindung ist nur unbedeutend und nicht constant.

Die übrigen Verlängerungen der Kiemenvenen versorgen nur die in ihrer nächsten Umgebung liegenden Organe: die Kiemen selbst, als *Arteriae nutrientes branchiales*, den Kieferapparat, die Muskelmasse der *Sternohyoidei* und des *Constrictor cavi oris*; wichtiger ist jenes inconstante zum *Bulbus arteriosus* tretende Gefäss, sowie der als Dorsalverlängerung der vierten Kiemenvene entstehende Spinalast.

Es besteht trotz mangelndem Spritzloch eine Spritzlochnebenkieme; sie hat den Bau eines respiratorischen Organs; eine genaue Betrachtung der mit ihr in Verbindung stehenden Gefässe weist ihr mit ziemlicher Gewissheit auch eine respiratorische Function, d. h. die Arteriellisirung des venösen Blutes des Auges zu.

Von den paarigen Aesten der Aorta versorgt die Schlüsselbeinschlagader die grösste Anzahl von Organen; ihr wichtigster Ast ist die den Kranzschlagadern des Herzens zum Ursprunge dienende *Arteria mammaria*. Die Arterie des Schultergürtels ist von gleicher Mächtigkeit, wie die Subclavia; ihre Verästlungssphäre bietet mit Ausnahme eines Spinalastes keine Besonderheiten dar.

Das Rückenmark wird von den *Arteriae spinales* der Intercostalarterien versorgt; es bestehen Anastomosen zwischen den obersten Spinalästen und Auslautern der Gehirnschlagader.

Die mächtigsten der unpaaren Aortenäste sind für die Ernährung der Baucheingeweide bestimmt. Leber, Milz, Magen, Duodenum und oberste Portion des Klappendarmes werden durch Zweige der *Arteria coeliaco-mesenterica*, die mittlere, und ein Theil der oberen und unteren Portion des Klappendarmes, durch die *Arteria mesenterica posterior* versorgt. Die *Arteria recto-analis* versieht den Afterdarm und die Umgebung des *Porus analis*.

Die Nieren erhalten paare Schlagadern aus der Aorta und einen kleinen vorderen Ast aus der Subclavia; die Nierenarterien tragen wirkliche Malpighi'sche Gefässknäuel mit bipolarer Wundernetzstructur.

Das Genitalsystem erhält paare und unpaare Aortenäste, eine Schlagader aus dem Anfangstheil der *Coeliaco-mesenterica* und inconstante Zweige aus der *Arteria mesenterica posterior*.

Die Schwimmblase wird durch Aeste der Aorta, einen Zweig der *Coeliaco-mesenterica* und einen anderen der *Mesenterica posterior* versorgt. Diese Gefässe verästeln sich garbenförmig in den Wandungen des Organs.

Rumpfmusculatur und Flossen bilden die Verästlungssphäre der *Arteriae intercostales*.

# Tafel I.

Die Bildung des Aortenstammes — die Verbreitung der Carotis interna und externa — die Lage der Spritzlochkieme darstellend.

—  —

Die Ventralfläche des Schädelknorpels ist blossgelegt, das rechte Kiefersuspensorium vom Kieferapparate losgetrennt und seitlich abgebogen; das Perichondrium des Basalknorpels und jene die Aortenwurzeln, die *Carotis communis* und die *Carotis interna* bedeckenden Knorpelschichten sind entfernt.

(Ein Drittel mehr als natürliche Grösse.)

*A.* Basalknorpel des Schädels.

*B.* Kiefersuspensorium.

*C.* Kiemendeckelkieme.

*D.* Kiefer und Zungenbeinapparat.

*E.* Musculi *attractores s. adductores suspensorii*.

*F.* Auge.

*G.* Schnauzenknorpel.

*H.* Aortenstamm.

*a.* Vierte Kiemenvene ⎫
*b.* Dritte Kiemenvene ⎭ sich zu einem gemeinschaftlichen Stamme vereinigend.

*c.* Zweite Kiemenvene.

*d.* Erste Kiemenvene.

*e.* *Carotis communis*.

*f.* *Carotis externa*.

*g.* *Carotis interna*.

*h.* Spritzlochnebenkieme.

*i.* Das untere Basalgefäss der Spritzlochnebenkieme oder der abführende Gefässstamm derselben.

*k.* Das obere Basalgefäss der Spritzlochnebenkieme, die *Vena ophthalmica*.

*l.* *Ramus transversus arteriae carotidis internae*.

*m.* Die aus der Muskelmasse der *Attractores suspensorii* auftauchende *Carotis externa*.

*n.* Ihr Ast zum Kieferapparate, *Arteria hyoidea*.

*o.* *Arteria ethmoidalis inferior*.

*p.* *Arteria muscularis bulbi oculi*.

*q.* Der zur *Orbita* und *Fossa temporalis* gelangende Ast der *Carotis externa*.

*r.* Die Aeste der *Carotis externa* zum Schnauzenknorpel.

*s.* *Arteria ophthalmica arteriae carotidis cerebralis*.

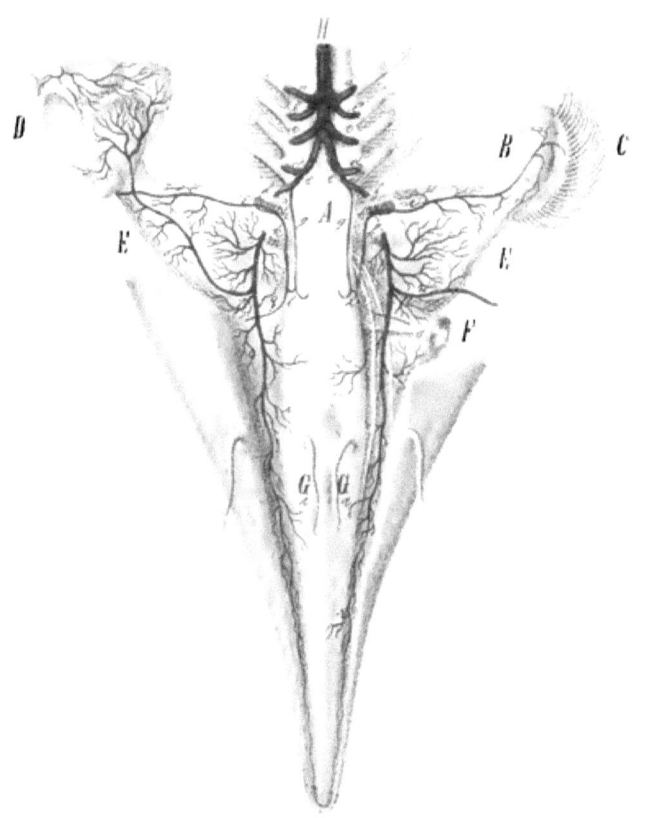

# Tafel II.

Untere Ansicht des Gehirnes und Rückenmarkes mit den Sinnesorganen; die Verbreitung der Carotis cerebralis darstellend.

Der Stamm der Gehirnschlagader ist nach der Seite umgelegt. Zwei in verticaler Ebene gelagerte halbcirkelförmige Kanäle sind weggenommen.

--

*Zwei und ein halb Mal vergrössert.*

———

A. Grosshirnhemisphären.

B. Sehhügel.

C. Kleinhirn und Anfangstheil der *Medulla oblongata.*

D. *Medulla oblongata* und *spinalis.*

E. Nasenglocke.

F. Auge.

G. Gehörorgan.

H. *Bulbus olfactorius* mit *Nervus olfactorius.*

I. *Nervus opticus* mit der an seiner Unterfläche liegenden *Arteria ophthalmica.*

L. *Nervus acusticus* und *Arteria auditiva.*

a. *Carotis cerebralis.*

b. Ihr *Ramus anterior* mit seiner Theilung in die *Rami superiores* und *inferiores.*

c. Ihr *Ramus posterior* mit seiner Theilung in die *Rami superiores* und *inferiores.*

—

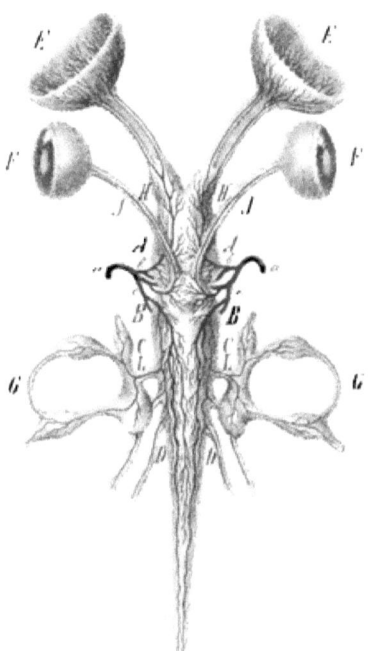

# Tafel III.

Besondere Darstellung der Spritzlochnebenkieme in ihrer natürlichen Lage.

(Circa 30 Mal vergrössert.)

*I.* Der nach dem Schädelknorpel,

*II.* der nach dem Suspensorium gerichtete Theil der Spritzlochnebenkieme.

*A.* Der obere basale Stamm, oder die *Vena ophthalmica.*

*B.* Ihr unterer basaler Stamm, oder die Vene der Spritzlochkieme.

*C.* Die 13 bis 15 grossen Verbindungsbogen.

*D.* Die kleinen Bogenpaare eines einzelnen Verbindungsbogens.

# Tafel IV.

Darstellung der Bauchaorta, des Ursprungs der Subclavia, der Verastlung der Schultergürtelschlagader und des
Verlaufes des unteren Astes der Intercostalarterien

———

Der Schultergürtel der linken Seite ist entfernt, derjenige der rechten Seite abgebogen und
um seine Längsaxe von innen nach aussen gedreht; die Knorpelstücke des Schultergürtels sind
zur Blosslegung der sie versorgenden Gefässe theilweise durchschnitten, die Muskelbündel der
Brustflosse blossgelegt, und die dem Rumpfe zugewandten Platten der Flossenstrahlen abgetrennt.
Der vom vorderen Rande des ventralen Schultergürtelabschnittes entspringende *Musculus sternohyoideus* ist zurückgebogen.

*(Einmalige Vergrösserung)*

A.  Die durchschnittenen seitlichen Rumpfwandungen.

B.  Die Knorpeltheile des Schultergürtels.

C.  Der am hinteren Rande des Schultergürtels angeheftete, zurückgebogene Hautlappen.

D.  Die Brustflosse.

E.  Die Muskeln derselben.

F.  Andeutung der vierten rechtsseitigen Kieme.

G.  Der zurückgebogene *Musculus sternohyoideus.*

H.  Aorta.

I.  *Arteria subclavia.*

a.  Die Schlagader des Schultergürtels.

b.  Der kleine Ast zur Subclavia.

c.  Aestchen zu den Knorpeltheilen des Schultergürtels.

d.  Der zum Muskel der Brustflosse tretende innere Endast der Arterie des Schultergürtels.

e.  Deren mittlerer.

f.  deren äusserer Endast.

g.  Ursprung einer *Arteria intercostalis.*

h.  Deren unterer Ast.

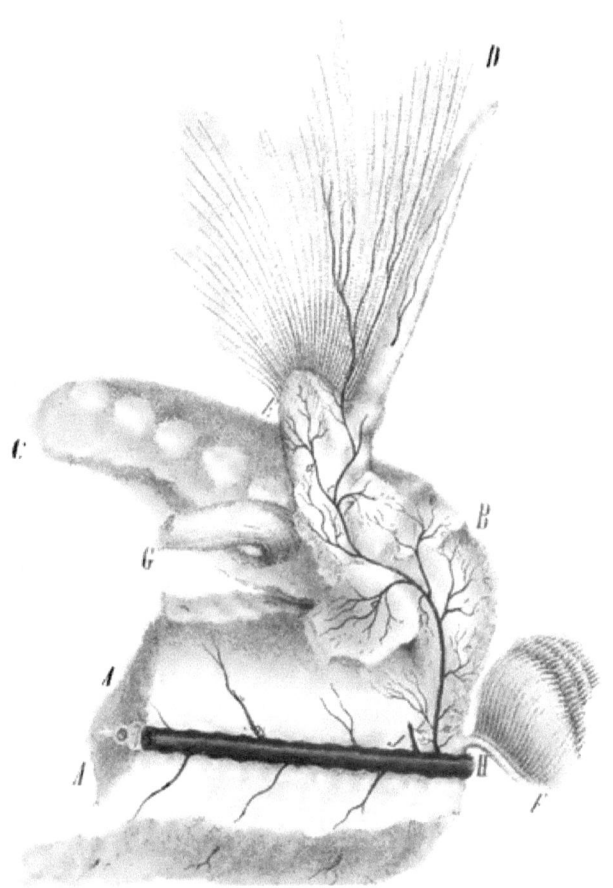